美麗的

品牌創

U0040746

隱形翅膀

INVISIBLE WINGS

九位隱形冠軍創業家女力崛起

共創雙贏的創業故事

總策劃
林玟妗

召集人
劉翔睿

| 總策畫序 |

美麗的隱形冠軍在南臺灣──綻放最美好的力量

時兆創新－時傳媒文化事業體創辦人 **林玟妗**

南臺灣高雄，暖暖的溫度，不只來自於氣候，更多是從一次次接觸的感動而來。

豔陽下，一群年輕女力創業家，正娓娓道來生命中的起伏困頓，精彩險阻及輕舟已過萬重山的雲淡風輕，臉孔中透露出對過去的接納、對未來的期許、對事業的努力、對生活的務實。

這讓這本合輯不只看到二代的轉型創新力，也看到品牌開創者用熱情打造獨特的產品力，更看到專業的創業家堅持理念，重新轉化她們領域裡的制式規範。

每一位都默默的在崗位上，一點一滴累積著本業的根基，不曾刻意卻自然的看見內蘊涵光，風采自現，自帶魅力；每一位都在走過的路上，把艱辛的經歷化成激勵的養

3

分，成為豐盛的禮物，滋養著每個閱讀人的心。

　　這是多麼美好的力量，隱藏著不可知，卻千迴百轉的人生滋味。

　　我們為這群散發智慧並從超越邁向卓越的女性企業家們，在製作的系列節目《故事轉運站》中，轉運著他們動容的故事，旅讀風華的人物元素，更精實報導走訪的產業特色。

　　故事中是一場又一場自我對話與彼此療癒的關懷，從陌生到熟悉，原來都是帶著故事來相會。

　　這群不一樣的女企業家，堆疊出了淬鍊過的智慧厚度，她們散發著生命品質的優雅，對本業的熱情，在每一步卓越中邁向輝煌，更是令人感到驚喜。

　　改變來自於對人生的允諾，對決策的破框力。她們在實現中一次又一次的行動校準，也再為自己的客戶創造一次又一次的感動，在自己的產業裡，再打造一次又一次的突破。

　　她們是典型的實踐主義者，是高效能提高行動力的催

生者，她們都在用生命寫歷史，讓人看到女性的堅韌性與包容性，更看到堅毅的女力 CEO 崛起的過程。

人生最可怕的不是失敗，而是不敢行動。美麗的隱形翅膀，藏身在南臺灣各個不同的角落裡，正默默地翻轉衍生自有產業的價值，帶動自覺思維，透過豐富的挑戰經驗，轉運著鼓舞的力量，創造正面改變的成就。

她們的努力需要大家給予支持與掌聲，那是前進出發最好的能量。

這本書的誕生，必須特別感謝我們高雄區經理劉翔睿，用他細膩的特質，精挑細選每一位精采人物，讓這本書的可讀性更走入人心。

另外，謝謝採訪經理蔡明憲的用心整編撰敘，更感恩「好好聽文創傳媒」的拍攝與後製，以及布克總編輯領導所有工作同仁、內部行政工作團隊的合作，完成了專業分工，群策群力，堅強的團隊合作成果。

期待陪伴一群美麗的生命，學習跟自己好好對話，成為內心最想成為的樣子，擦亮品牌的翅膀，盛載著奔放的

夢想，矗立在彩虹之巔，穿行過璀璨星河，用超越平凡的力量，一起安心共同飛翔在遼闊的天際。

我們也祝福這群美麗的隱型冠軍，能夠隨著本書的發行，在本業和個人的成長上看到更多的可能。海天無際，山川不息，請各位讀者們愛護與疼惜不歇，鼓舞的掌聲不斷，讓我們激勵振奮的翅膀凌空直上、高空翱翔。

| 召集人序 |

探討女性價值的真諦

時兆創新－時傳媒文化事業體高雄分公司經理 **劉翔睿**

　　嗨！親愛的讀者好，我是劉翔睿，可以叫我 TED。非常榮幸能夠召集一本關於女性價值、傳產二代轉型和女性品牌的專書。

　　這個主題深深吸引著我，因為女性的價值在社會逐漸受到重視，在傳統產業中扮演著越來越重要的角色，並逐漸成為了自己的品牌。這本專書旨在展示女性的無限潛能，以及她們在各個領域中所取得的重要成就。

　　首先，我著重探討女性價值的真諦。女性的價值不僅僅體現在家庭角色上，她們同時也在商業、科技、藝術和社會等領域中，展現出卓越的才華和領導力。這些女性的故事，將激勵讀者相信自己的價值，追求夢想，並跨越障礙。

7

其次，我在專書中深入探討傳產二代轉型的故事，這些女性不僅承襲了家族企業的傳統，更在現代社會中找到了新的發展方向。

　　她們運用創新思維和勇氣，將傳統企業轉化為現代成功的典範。這些轉型故事將帶給讀者啟示，顯示出創新和靈活性的重要性，以及在挑戰中尋找機遇的智慧。

　　最後，我將與讀者們介紹在南臺灣一些嶄露頭角的女性品牌，這些品牌不僅在市場上獲得了成功，更傳遞了獨特的價值觀和使命感。

　　邀請您一起來認識她們的故事，並展示如何在品牌建立中傳達真誠，與社會建立起深厚的情感聯繫。

　　這些女性品牌不僅創造了商業的成功，更將社會影響力融入到企業文化中，成為了社會進步的推動者。

　　非常感謝時兆創新給了我這麼完整且寬廣的發揮舞臺，讓我有機會和這幾位成功的創業家，藉著文字的力量，共同來影響這個世界。

　　更感恩創辦人為每位讀者開創「A⁺永續共學圈」，

讓作者們可以透過不同產業，藉著出書延續學習之路，並共同分享個別的專業，一同探討交流，也讓每位作者定期有線上分享、線下交流的機會。

在共學中與各界翹楚及成功人士互動，每位作者的自媒體露出宣傳、新書分享發布會，為作者群架構具啟發性、正能量且有溫度的永續共學圈。

我在此特別謝謝每一位作者，給我的支持和配合，期待美麗的翅膀帶著您一起飛翔在廣闊的天空。

貼近你我生活的美麗學習典範

今天，你學習了嗎？

這是個重視學習的時代，「活到老學到老」已經不只是種自我激勵，而是面對時代快速變遷，每個人都必須具備的生存意識。

當你的專業技能有可能被 AI 取代，當新的產業革命推翻你原本的作業流程，你該怎麼辦？除了專業技能，我們更需要的是面對生涯挑戰的高 EQ 以及應變力。

當你的任務碰到接二連三的挫折打擊，當大環境局勢出現前所未料的邊變，當處在困厄中但為了生計必須咬牙撐下去……，這樣的時候，你又該怎麼辦？

過往以來，我們都習於跟高階成功者學習，也的確，不論是走在時代之先的產業開創者，或是各行業經商有成

的首富名仕們，他們的成功事蹟，都有很多足以讓我們學習的地方，所以他們被稱為是青年學習楷模，或者被譽為年輕人立志效法的成功典範。

然而，經常我們在學習過程中，不免也會面臨到一個問題：那些舉世矚目、被視為菁英中的菁英，那些改變現在世界模樣的偉大企業家們，個個都非常優秀，但距離我們好像比較遙遠。

那些締造百億事業版圖的霸主們，他們的勝利方程式，似乎難以套用在我們身上；面對光環耀眼、享盡鎂光燈照耀的大人物，他們所有的勵志鼓舞、所有的成長故事，有時感到彷彿發生在不同的平行宇宙。看著報導的同時，卻很難跟隨比照。

也許我們換個學習的角度，一樣是跟成功者學習，但這回我們來尋覓的是更貼近我們生活的中小企業家們。他們創業有成，而且他們遭遇的各種困難阻遏，所處的場景跟你我的職涯比較貼近。

有的可能面臨世界趨勢，必須將傳統企業轉型；有的

可能新創事業遭遇強烈市場競爭難以切入；有的可能有員工管理難題、有不同世代的溝通問題，還有人可能因為性別因素，而讓原本的工作拓展更加艱困。

是的，我們特別要探討學習的，在如今依然是男性主宰絕大部分領導位階的時代，若是身為女性，同樣的職場困境，她們要想有所突破，更是加倍艱辛。

而這些女性們，最終還是可以闖蕩出一條明路，背後代表著堅毅思維以及無比韌性，還有面對各種考驗時如何打破藩籬、開創新局？這些都有很多讓我們值得學習的地方。

不論是從創業的角度、產業升級的角度，或是職場任務挑戰的角度，我們希望透過女性成功者的視角，其中包含女性經常還被賦予的家庭照顧者身分，其所帶來的時間管理分配或者溝通衝突，也包含在社會資源人脈上相對起來較缺乏的情況，她們如何走出自己美麗的路？這些都有許多我們可以向她們學習的地方。

本書系的誕生，由時兆創新時傳媒的林玟妗創辦人所

發想，高雄區分公司經理劉翔睿擔任南臺灣召集人共同整合，目的正是要發現許許多多優質的女性隱形冠軍。

因為林創辦人自己本身也是女性創業家，因此特別貼切有感，認為其實很多商業舞臺常因出色的女性領導人所主導，而有完全不一樣的豐碩成果。因此在挑選故事人物時，就希望設定聚焦在青創二代女企業家或是創建不同品牌的專業人士身上。

多年來，林創辦人除了本身創業有成，事業橫跨醫療、養生、出版整合行銷、自媒體等產業外，她也行善不留餘力，別人的假期多用在遊山玩水，林創辦人卻投注很多心力在偏鄉部落弱勢及婦女的公益服務。也因為如此，得以結識臺灣南北各地的菁英。

其中更發現很多極為優秀的女性，她們分屬各年齡層，有二十幾歲就創業闖出一片天的勵志女孩，也有中年轉型成功拚搏出新戰場的美麗女戰士，她們位在臺灣的不同角落，在各自所屬產業中，打造出非凡亮眼的績效。

這些優質的女性，平日卻又因個性平實，極少發布媒

體。然而，她們卻比首富們更接地氣，有的就像鄰家女孩般，若你有心想向她們效法取經，她們也都不吝分享種種的事業經營祕訣。

　　林創辦人本身雖然在商場折衝上巾幗不讓鬚眉，然而她本身也是充滿愛心與感性的傳統女子。她真誠希望這些令人敬佩且感動人心的女性們，分享他們動人的故事、精采的歷程，能夠啟發更多人走出生命困境，看到人生幸福希望的轉捩點。

　　本書介紹的每一位商場女中豪傑，可謂是「美麗的隱形翅膀」。說美麗，是因為本書的九位主人翁，都是典型的美麗女子。因為這些成功的榜樣們，除了都有一顆美麗的心，她們更一心存善，從不停留在原地，而願意接受挑戰，欣然與變化共舞，啟動自我超越，不被命運所擊倒，所以能締造她們值得學習的蛻變之旅。

　　說是隱形翅膀，那是因為她們都在各自領域做出斐然的成績，每一次的潛能觸發，都賦予該項目新的生命力，將危機化成轉機地成為該產業的隱形冠軍。

然而她們又是如此低調，大部分美麗動容的事蹟，過往都沒有被媒體報導。而其實她們打拚事業的毅力，以及開疆闢土的勇氣和智慧，真的有諸多可以讓讀者們，特別是年輕人學習的地方。

她們是不折不扣美麗的隱形翅膀，不只在所屬產業天空自信的翱翔，也可以啟迪讀者們全新的工作思維，如果善加學習應用，可以讓自己如虎添翼，突破既有的困境，在職涯道路上凌空躍起，飛向天際。

本系列的第一本著作，我們精選了九個從不同角度切入的隱形楷模，並分成四個範疇來介紹。

◆ 傳產轉型，美麗翅膀

本篇我們介紹的兩位女孩年紀都很輕，她們都出身傳產家族，成長於俗稱黑手的工廠環境。然而卻可以藉由她們的慧眼巧思，將原本硬邦邦、比較陽剛的機器重工場域，轉型為亮眼的現代企業。

兩位女子在一開始都不被看好，甚至被認為女孩子根

本不可能跟機械製造有什麼關聯，但事實證明，她們帶領改革，勇敢迎戰挑戰。

李羿慧打造出現代化工廠的典範，成為學校工程教學的經典案例；而張瑜芳導入 AI 科技應用，讓家族企業化身為現代化辦公室的整合專家。

◆ 幸福健康，美麗翅膀

提起女子創業，一般人比較會聯想到的還是跟美業相關。在本篇我們也來介紹三位在美業不同領域有著卓然成效的女企業家。

女孩子天生愛美，因此美業一直有著龐大的市場，卻也同時天天要面臨嚴酷的市場競爭。如果沒有具備獨一無二的特色，想在美業生存並且打造亮眼成績，並不是一件容易的事。本篇介紹的三位女子，以三種模式在美業闖出一片天。

吳總伶是臺灣「正甲師」行業的正名者，她也創立臺灣第一家專業美足弓坊；蔡惠芬是南部知名美容沙龍顏之

鑽連鎖體系創辦人，當年也是白手起家立業；吳思霖是完美女人品牌的創辦人，自行研發產品風行南臺灣，也是創業典範。

◆ 專業致勝，美麗翅膀

　　在本篇介紹的兩位美麗女子，不只擁有自己的企業，並且各自擁有一項非常頂尖的專業技術，都是該產業的佼佼者。

　　其中，錢淑貞是臺灣婚紗教母，她的品牌「曼尼」，在婚紗業界就好比 LV 包在時尚界的地位，而她如何從傳統代工廠做起，到如今打造三個不同體系的事業品牌，故事非常具激勵啟發性，在臺灣更具足該產業無法撼動的領導位置。

　　葉孝慈則是位律師，並且是經常投入公益性服務的專業律師。雖然她的事務所不是位在商業地段的一樓門面，卻依然門庭若市，可見她的高指名度，以及高度備受肯定信賴與好評。

◆ 品牌創新，美麗翅膀

本書最後一個單元聚焦的兩位美麗女子，都是在品牌建立或者行銷管理領域有特殊成就者。她們有著睿智的頭腦，善於應用各類傳媒行銷工具，不只本身事業有成，也協助或輔導其他企業一起成長。

鄭絜方，製茶世家出身，導入新觀念，創建茶平臺，開展全新大格局；林欣儀，「客製小姐」品牌創辦人，膽大心細化身傳產與現代商業客製模式的橋梁，為上百家企業品牌創建獨特性。

感恩這九位美麗的女子，九個美麗的隱形翅膀典範，希望透過她們的成長歷程，創造出事業的人文價值，勾勒出每個行業經營的核心故事，在面臨種種困境時，是如何持續超越進化、逆境重生的經歷。相信可以帶給讀者們做為將來創業，或現在面對職場上各類狀況應對的解決方法與策略。

　　為了延伸閱讀，本書在每個章節的最後，都附上了 QR Code，裡頭有每位成功典範的專訪影片連結，而在影片下方說明欄，也附上了她們的官網、LINE 或其他線上社群連結。讀者若有任何需求，都可以透過這些聯絡訊息，針對特定商業合作或職涯學習，與她們做進一步的交流、互動與學習。

　　不論你是男性或者女性讀者，都期盼你可以有著屬於自己美麗的天空。

目次

｜總策畫序｜美麗的隱形冠軍在南臺灣
——綻放最美好的力量／林玟妗 …… 3

｜召集人序｜探討女性價值的真諦／劉翔睿 …… 7

｜前言｜貼近你我生活的美麗學習典範 …… 10

PART1 傳產轉型 美麗翅膀

打造臺灣傳統工廠轉型現代化工廠的典範

我是個女子，我可以化不可能為可能 …… 26

青宇企業營運長暨永續長 **李羿慧**

成就別人，也就是成就自己，一切成就都是為了愛。

打造南臺灣第一家女性創立的科技整合公司

整合客戶的未來，也整合成功的人生 …… 54

智合未來科技整合公司創辦人 **張瑜芳**

當大家都不看好我時，我更必須做出成績來讓他們刮目相看。

PART2 幸福健康 美麗翅膀

臺灣第一位正甲師，正確趾甲養護觀念推廣人

改變世界修趾甲的方式 ⋯⋯⋯⋯⋯⋯⋯ 78

美足弓坊及莊昌生醫股份有限公司創辦人 **吳總伶**

把握每一次機會，活出最有特色最燦爛的自己。

發源地於高雄的專業美容沙龍品牌創建者

人、品、術、時：顏質管理師的創業學 ⋯⋯ 100

顏之鑽沙龍體系創辦人暨奎蒂絲品牌總監 **蔡惠芬**

合作是世界的趨勢，吸收他人智慧共同打拚，創造共生
三贏的未來。

臺灣獨一無二以護膚、養膚為主力的健康食品及保養品研發者

**人生也許無法盡善盡美，但用愛可以
開創溫暖品牌** ⋯⋯⋯⋯⋯⋯⋯ 122

玩美女人美學沙龍創辦人 **吳思霖**

學無止盡，當你遇到任何人生關卡，重新用心學習就能
找到解答。

PART3 專業致勝 美麗翅膀

國際頂尖婚紗品牌創辦人，婚紗界的臺灣之光

堅持讓你成為一個美麗的化身 ⋯⋯⋯⋯⋯ 146

國際婚紗品牌曼尼、艾絲特手工婚紗創辦人 **錢淑貞**

堅持做對的事，當需要幫助的時候，神也會支持你。

深耕高雄，嶄露頭角的新生代優質律師

形塑律師新形象
──將感性價值注入在理性思維之中 ⋯⋯⋯⋯ 170

維心法律事務所合署律師 **葉孝慈**

轉念看待一切，所有經歷都是為了成就更好的未來，
造就更優的自我。

PART4 品牌創新 美麗翅膀

建立臺灣第一個以活動體驗為主軸的茶行銷平臺

專注做好一件事，融入日常喝好茶 …………………… 198

十本初壹、茶青世代平臺創辦人 鄭絜方

唯有專一，才能成為唯一

臺灣第一批引領客製化風潮的「客製小姐」

客製始終來自於獨特的您 …………………… 220

「客製小姐」品牌創辦人 林欣儀

人生沒有捷徑，只有堅定的信念和不懈的努力才能創造輝煌。

PART1

傳產轉型 美麗翅膀

我是個女子，我可以化不可能為可能

青宇企業營運長暨永續長 李羿慧

◆ 打造臺灣傳統工廠轉型現代化工廠的典範

整合客戶的未來，也整合成功的人生

智合未來科技整合公司創辦人 **張瑜芳**

◆ 打造南臺灣第一家女性創立的科技整合公司

我是個女子，
我可以化不可能為可能

青宇企業營運長暨永續長 **李羿慧**

隱形冠軍：
打造臺灣傳統工廠轉型現代化工廠
的典範

成功箴言：
成就別人，也就是成就自己，一切
成就都是為了愛。

我原本是一位專業護理人員，當家中企業意外發生危機時，卻成為力挽狂瀾的舵手與推手。以不被看好的年輕女子之姿，一次又一次地創造奇蹟與事蹟。

在這段期間，不僅協助公司轉危為安，同時將工廠成功轉型為新一代典範。

感恩工業局願意給予企業資源與輔導支持，得以順利拓展國內市場，甚至布局開創國際機會，受邀至大學演講創業及轉型議題，鼓勵更多年輕學子一起築夢圓夢。

我是李羿慧 Jannice，一位永不被挫折打敗的勇敢戰士，一位永不放棄夢想、為信仰為家人圓夢的女性企業家。

——李羿慧的勵志宣言

從小立志從事護理工作

可能讀者會覺得，身為二代接班人，應該擁有比一般人更多的人、事、物、金錢甚至資源機會……等，錯了！所有想要的，都得靠自己爭取。

羿慧是土生土長高雄囝仔，身為長女，當爸媽忙著創業的時候，她得像個小媽媽一樣，負責照顧妹妹以及小她七歲的弟弟。羿慧家中經營的是精密五金零組件工廠，父親是白手起家，母親則是共同創業的財務總管。從小三個孩子就經常到工廠幫忙工作，母親總告誡孩子們，不好好念書，長大就來工廠當黑手。

這是那年代父母親的觀念，捨不得孩子和他們一樣辛苦，殊不知各行各業都有辛苦的一面，這結論也是羿慧長大後才知道的真理。

想當然爾，三個孩子沒有一個去念機械相關科系，羿慧選擇了護理專科，功課好的二妹現在已是華語老師，至

於愛運動的小弟，則選擇運動休閒系。

　　這個結論告訴讀者，若您已為人父母，您的一句話可能會影響孩子一生的發展，直至現在羿慧身為人母，更能體會箇中道理。

　　羿慧選擇念護理科，不是隨機的選擇，而是背後有著她對家人深深的愛與思念，以及濃厚的使命感。

　　當羿慧還在念國中的時候，母親可能來自家族遺傳，竟然在 38 歲就罹癌。雖然早期發現早期治療，沒有喪命之虞，但從此身體病痛就一直揮之不去，造成母親情緒多方的不穩定，當然周邊的孩子也受到殃及。

　　這是羿慧第一次有種自己無能為力的無奈，在她年少的心裡，埋下一顆隱隱憂心的種子。

　　小時候由於父母親忙碌於工作，實際上，羿慧主要是由外公、外婆照顧到大的，因此和老人家們建立了濃厚的感情。外公年輕的時候很帥，不但寫了一手好字，還很有生意頭腦，可惜年輕時得了腦膜炎，併發其他的身體病症，自此導致家道中落，也讓照顧他大半生的外婆很辛

苦。不料屋漏偏逢連夜雨，原本看似健康的外婆，突然發現肝癌末期，不到半年就離開人世。

隨後幾年，當羿慧還只是小護理師時，外公長年的慢性病，病況突然急轉直下，送進加護病房，羿慧立即連繫不同分院同單位的學姐，告知原由並請她幫忙用心照顧。

而羿慧藉著照顧手邊的患者，同時默默禱告，願自己的善心能帶給遠方的外公，希望外公的病情得以好轉。只可惜好景不長，很快羿慧最愛的外公離開了人世，她回首陪伴母親共同照顧四位長輩，這漫長的數十年長照生活，內心充滿難過、不捨的情感。

但這個歷程卻奠定了羿慧立志要成為一位優秀的護理人員，有機會能幫助更多的人遠離疾病、建立健康生活的志向，對羿慧來說，這是一份遺愛的使命。

那年的羿慧才 22 歲，當然不會料到，十多年後真的發生突發事件，只不過那時的自己，專心面對屬於自己未來更大的挑戰。

趁年輕勇敢造夢圓夢

　　原本羿慧就是個不愛念書、成績總在中後段的孩子，那年專科班導師的一句話改變了她，老師說：「羿慧，以你現在的成績，可能考不上證照喔！」

　　這句話對當時的羿慧來說，有如重棒打醒了她，羿慧內心想著：「不行！我一定得考到證照，我要當護理人員。」

　　從那天起，她改變念書方式，對每個學科甚至實習表現認真以對，這可以說是羿慧人生第一次為一個目標如此打拚，結果當然是一次拿到兩張證照，畢業成績還挺不賴的，就這樣開啟了她 20 歲護理師的生涯。

　　護校畢業後，正巧有個機緣，長庚醫院在招考護理人員，只不過錄取率很低，光是筆試就有六成被刷下來，羿慧抱持著嘗試的心態前往，沒想到應試竟然連過三關，順利進入長庚體系內科加護病房工作，這是人生第二次為目

標挑戰。

當時選填志願時，大部分的新進人員都想留在一般病房服務，不過由於之前在病房的經驗，羿慧發現自己並不適合，因此大膽挑戰加護病房的工作，也順利加入了。那是個重視團隊合作、高壓力，必須極為細心的一份全面照護的工作，和一般照護工作是差異極大的環境與挑戰。

回想這段期間的訓練與經驗，羿慧充滿感謝，因為當時的她絕對想不到，當年的魔鬼集訓和臨床經歷，帶給她的人生觀影響，及提升她即便碰到環境多變的情況下，能夠立即應變的能力，將帶給未來的羿慧這麼多的支持與能量，她真心感謝過去如此認真學習的自己。

幾年後，碰上當年醫美正要起飛，羿慧覺得自己的運氣很好，加入臺北同為長庚體系出來的醫師團隊，成為開刀房護理師，這段美輪美奐的照護服務業，奠定了羿慧對企業文化與教育的第一個重要的開啟。

她感謝當年的老闆們，因為他們的用心經營與栽培，讓當時年僅 26 歲的她，透過四年多的磨練，明白年輕時

就該用身體力行來回饋社會，回饋不只是能用金錢，更多的是行動，如：環保分類、偏鄉義診、人員教育、文化傳承、微笑服務……等，這都成了羿慧現在經營企業的養分與使命。

當時一位旅外的客戶告訴羿慧，有夢就該趁年輕去實踐，這個鼓舞提醒了她 20 歲那年想考美國護理師的夢想。當年被母親澆滅的動力，此時又再次燃起，這次勢在必行，從準備到順利飛往溫哥華短短十個月的時間，成就了羿慧人生第三次的目標挑戰。

若要問父母親的觀點，當時他們絕對是氣炸的狀態，不過跟家人報平安，也是很重要的。

身負重任回來挽救工廠

　　人生總不可能一帆風順，羿慧覺得當時真是人生高峰啊！就在 27 歲那年起，遇到許多即使現在回想仍感到害怕的過去，第一次看透人性、看透情誼、看透利益所帶來的所有風暴，悄悄地到了她的身邊而不自知。這些黑歷史不僅讓羿慧找回與母親之間的愛，更塑造了今日的羿慧，而「它」占了一半的功勞。

　　那年 27 歲的羿慧，只有在醫療單位工作過，自覺人性本善，殊不知社會角落中總有黑暗之處。在溫哥華打工度假的一年，擁有許多美好的回憶，當然也面臨過很多驚險的過程，例如好不容易寄達的行李，因自己英文太差，加上粗心沒接到電話，差點又遣返回臺灣的驚險。

　　這告訴羿慧，人脈有多麼重要，感謝當時解救她的 GLC 好朋友。又如因當地罷工被迫臨時下車，必須靠多年來的記路線習慣，經過輾轉幫忙才回到家。在異地生活

有著美好的外表，同時也有著暗黑的風險。

　　這趟旅程不僅改變了羿慧的無框架思維，也讓她明白擁有解決問題的能力有多麼重要，最重要的是，找到「李羿慧」有多麼重要。

　　過去為了當父母親的乖女兒，很多事情即使不喜歡，仍然依父母的期待去做，只希望他們不要生氣，對孩子可以更加放心。

　　如今「找到自己」為何如此重要呢？因為羿慧可以明白自己的優缺點，明白人生是自己創造的，機會也是風險，造就出的問題，也是自己得面對負責的。

　　那年 27 歲的羿慧犯下了重大的錯誤，在急遽被迫且害怕的狀態下，母親伸出援手，陪伴她走過將近一年的低潮期。

　　這段黑歷史成了她心中的一根刺，對愛情、對婚姻、對友誼、對幸福、對人生都是，讓羿慧學會謹慎與不再衝動行事，學會多用腦袋思考，切勿感情用事。

　　當年母親陪伴著羿慧走過後，原本她想回到溫哥華，

繼續護理師的生涯目標，可是好景不常，母親因著長年需一人照料三個孩子、四位長照老人，以及經營的加工廠，人、事、物都不順利的壓力，加上身體原本就不好，過勞引發「類風濕性關節炎」（此為重大疾病）因而倒下，身為長女的羿慧，能做的當然是毫不猶豫的一肩扛起這份責任。

理想總是與現實差距甚大，這個決定更是改變羿慧接下來十年的生涯規劃。她剛回到工廠時，不僅對生產鏈、製造業根本一竅不通，更沒有商務管理的經驗。第一代的員工主管以不看好的姿態與她相處著，當時的羿慧告訴自己：「我必須為了媽媽，忍耐堅持下來。」她相信沒有什麼她做不到的事情！

當時苦無對策的羿慧，正好有個機會，可以陪同訪談某知名品牌董事長的創業經驗談時，猶如抓到一根浮木，她也相當感謝當時訪談團隊給她一個機會參與其中。

想不到這位董事長的創業歷程如此激勵著她，給了她許多可行的對策，羿慧就如法炮製的嘗試與執行，踏出了

她的第一步。

　　專業相關羿慧可能不懂，畢竟她不是本科系出身，由於加工廠大部分為男性，面對師傅們說的問題，她也真的不懂，即使想幫忙也無能為力。

　　為了改變這個窘境，羿慧開始到生產線從零開始，邁出第一步——學習當技術員，從操作車床機臺開始學習，邊做邊用眼睛和耳朵偷學，不論加工時間長短，是不是多機操作，甚至如何透過加工的空檔時間，精算如何裝卸，可以產出更多數量及更好品質的方法，同時也開始閱讀大量有關製造業相關的資訊與對外的交流。

　　逐步累積資訊量與能力，時至今日，羿慧得以在觀察到內部一有問題時，就可以及時提出建議，並且懂得如何幫他們找到合適可行的資源，來支持並有效的協助他們。

　　這段過程讓羿慧懂得不是一昧用自己的方式給予別人，而是應先理解確認問題與相關可能因素後，再給予適當可行的辦法，才是真的幫助他們。有時一些狀況因角色因素不方便直說，也會聘請第三方顧問進廠協助，這也是

一種很有效益的好辦法喔！

　　有關公司營運不懂的部分，學姐讓羿慧知道，理應先從了解與改善公司財報開始著手，不懂財報，她可以學，感謝勤業會計所學姐的輔導與關心支持。

　　第二步強化自己的能力，平常在生產線認真學習，同時加入社團學習訓練自己的能力，也建立屬於自己的人脈。當時羿慧瘋狂努力地參與各種講座、課程（如奧瑞岡、金口獎）與訓練自我提昇，也參與相關比賽，這些積極的訓練，著實讓羿慧成長了許多。

　　當時大學剛畢業的弟弟加入經營團隊，大家一同學習並共事，一開始，姊弟兩人也磨合了一段不算短的時間，有時候因家人身分，反而讓她們在公司上更需要互相學習智慧，彼此包容才能各司其職，讓工廠順利地運作。

　　其中「建立溝通管道」是非常重要的建制，本來男女在認知上就有所差別，不同年紀、不同教育家庭背景、不同的經歷與經驗等因素，都會影響雙方溝通的順暢度，要達到共識，其中透過學習「智慧與理解」的探索，也讓羿

慧琢磨許久才領悟。

　　大家各司其職的情況下，容易因當職角色不同，立場不一樣，而對問題會有不同的見解與看法。

　　此刻學習如何理性聽完對方的看法後，視情況予以正向鼓勵與提供資源。有時給予建議，還不如給予對方所需要的支持與肯定，更能幫助對方並且讓雙方心情感到愉悅。

　　「給魚吃不如給釣竿」，兩者都開心，藉著過程中互相協助砥礪，這也是經營團隊共創與共生的抉擇與折衝！

引領公司成功轉型擴廠

在某一次課程中聽到，臺灣中小企業應該透過轉型，讓內部的調整更有彈性和韌性，才能更具有競爭力。「企業轉型」對羿慧來說，是一個很感興趣的議題，同時也是她內心很沉重的目標。

轉型不能單靠一個有意願的自己，而必須從裡到外、組織上到下，還包含共同經營者及股東等，都得了解並且有共識，此外還得有意願跟著執行，這項艱難的任務，羿慧該如何開始呢？

某天臨時接到客戶電話，表示國外原廠客戶臨時要求訪廠，說明生產流程及了解公司內部品質對策……等等。日本客戶一來就是一天，沒有結束工作之前不會吃飯，這番精神著實震驚了羿慧。

工作總算結束後，客戶即將離開前，他回頭建議羿慧說：「若想讓公司更好，你需要一個良好的公司門面，並

且要改善內部對於品質政策的態度，把產品品質視為重要的精神指標，我相信你可以做得到，對嗎？」

是的，這是羿慧當時的回應，心中的悸動直到現在，她仍能深刻的感受到。

為何要花錢蓋新廠？突然，大家多種疑問丟給羿慧，為何要蓋新廠呢？這個起心動念來自於那一天，原本約好要面試的人，看著他走到舊廠門口躊躇不前，觀察一下後就直接騎車走人，天啊！這打擊太大了。

不過也誘發羿慧思考，若她不是二代，會想來這裡工作嗎？可想而知羿慧的答案是什麼。看著當時有些昏暗的環境、油油的地板、鐵皮屋的外觀、擁擠的工作環境、分不清的物品區域、不流通的空氣、夏天會熱死人的室內溫度……等，難以想像當年的樣子。

思維影響著行動與決定，因著這些過程，開啟了羿慧和母親長達三年辛苦的「尋地之旅」。

這不僅是累積看地的經驗值，更是改變與重啟新人生的起點，這三年面臨著客戶給予的壓力，找不到適合的地

方，客戶不斷的施壓改善期限，此時好姐妹送了羿慧一本書《禮物》，她邀請羿慧到一間創新的教會聽講座。

當時，羿慧是以死馬當活馬醫的想法，做了一次很用心的禱告，她告訴天父：「祢若是真的存在，請幫幫我找到合適的土地，幫助我走過難關。若我的禱告成真，我願接受祢的真實存在，並且願意受洗，接受自己是祢的子女身分。」

就這樣一個月後，土地出現了，羿慧也實現了當時的允諾，受洗成為一位基督徒。某一個夜晚的夢裡，她看見一棟很美麗的建築物，醒來趕緊畫下草稿，提供給她的建築師規劃。

整合所有蓋廠報價，蓋一間理想中的廠房，竟然要價新臺幣 6500 萬元，對當時的她而言，這不啻為天價。緊接著，下一個難關來了，母親告訴羿慧，以他們現在的能力，根本不足以蓋廠房，營造蓋廠一開始就要支付一筆龐大現金買鋼材，試問錢從哪裡來？

「天啊！主啊！幫幫我啊！」

　　不知道是信念幫助了羿慧，還是過去的努力幫助了自己，羿慧寫了一份連自己都不太懂的土建融投資計畫書給銀行，碰壁了好多家，最後遇到了貴人臺企經理，當時連在前往銀行的路上，母親和羿慧還為此爭執不休，堅持說這件事是不可能的。

　　那時羿慧只跟母親說：「如果連試都不試，我們就完全沒有機會，現在至少有去嘗試，最多只是不被核准，頂多再試其他家就好，如果可以呢？我們為何要還沒做就放棄呢？」

　　最後，連羿慧的家人都不敢置信，他們成功順利申請到整筆土建融貸款，從此堅定強大的信念，不斷的禱告與感恩，成了羿慧解決每天問題最重要的能量來源之一。

　　經歷痛苦的兩年蓋廠過程，羿慧從不懂建築到會看施工圖，與建築師做營造討論，甚至申請使照、廠登統統自己來。不是她厲害，而是當時遇到最大的難關，就在2021年過年前，發生在舊廠附近的一場大火，一次燒掉七間連棟廠房，消防局為此徹查所有食品業相關工廠，消

防是否符合法規。

　　而他們為何受牽連呢？因為當時為了籌措建廠頭期款，因緣際會順利地將舊廠賣給一位食品業者老闆，她們人很好，願意等羿慧他們將近兩年的建廠時間，並且在這段期間回租給羿慧使用。

　　然而就是因為這把大火，他們被徹查，須強制改善空間，因此就這樣，必須在不到兩個月內搬走，並且清空空間給他們。

　　或許壓力迫使羿慧開創各種可能性，接下來遷廠的過程，有多少難關困難，自然不在話下，但是正向堅強的信念，陪伴著羿慧一路化不可能為可能。

　　她想感謝所有青宇家人夥伴們，及支持青宇的廠商與貴人：「感謝你們一路支持著我們，激勵著羿慧一直挑戰自我，挑戰極限，開創更多的可能性。」

總是化不可能為可能的企業女戰士

當遇到困難，所有眼淚只能往肚裡吞時，抬頭看星星，讓羿慧想起當年在加拿大黃刀鎮看見的「極光」，如此美麗與難忘。星星在夜裡綻放的光芒，總能指引人走在正確的道路上，而羿慧也希望有一天，自己能夠成為企業與家人的那道光。

再次回首過往力挽狂瀾的這些年，笑自己把二年當十年用，總是沒日沒夜的打拚。當時遭逢營運、人事、生產、財務乃至於家務的種種難關，羿慧總對自己說，「關關難過關關過」。屢屢硬仗總要打通一條解決方案的路才罷休，因為每一場戰役，她都沒有退路，唯有自己大刀闊斧不畏艱難地往前走，才能帶著企業及所愛的家人走向美好的道路上。

曾幾何時，當年那位懷抱熱忱夢想的護理師，如今猶如無所畏懼的戰士，為愛與責任奮鬥、為未來奮鬥。

改變自己有個很棒的助力，那就是透過社團與課程。她積極學習會議規範、奧瑞岡、金口獎、講師培訓、零基預算及無中生有，同時參加顧及然院長的希望學院企業經營者領袖班，羿慧知道，自己必須學習正確的經營管理，同時可建立良好的領袖人脈圈。

這幾年下來，她累積了生產鏈的實況經驗及企業管理能力，同時拓展了政府、社團、地方人脈資源累積，直到某一天就水到渠成。

什麼是無中生有？這是個挺有趣的策略，如何讓自身沒有的東西變成擁有呢？其實第一代經營者習慣有多少能力做多少事情，這是務實的策略。

然而來到現在這個時代，是時間就是金錢的快步調時代，羿慧有時間壓力，因此她要如何像魔術師一樣，把沒有變成有呢？就是依靠互利的人脈。

前面提過，他們被迫緊急搬家，卡在過年後就得搬家，當時工廠外面連接內部的柏油路都還沒鋪，如何讓堆高機把機器和物品送進廠內呢？而且又剛好在過年前一

週，很多營造和水電施工者都不願意幫忙。

　　這時候，羿慧想起青商人脈，好在平常羿慧交換名片時，會習慣詢問對方的職業與可服務內容，緊急一通電話，因著交情，短短兩天就把柏油路都鋪好了，讓羿慧含著淚，超感謝好朋友的相挺。

　　有時羿慧會以茶會友、以資訊交換物品、以人交換情感……，大家都可以試試看，這是有趣又很容易有收穫的策略喔！

　　學會善用資源與整合資源，是羿慧最愛的部分，如透過政府各類補助專案計畫申請。這些補助並不是只要申請就會通過，而是必須跟全臺灣其他申請者進行競爭。

　　她需要場場做出令人印象深刻的簡報說明與亮點，還得精準傳達自己營運的未來目標與期望，於是每年藉由一個又一個的專案補助計畫，同時累積學校與政府資源，來成就企業可以持續成長與改變的動能。

　　「化不可能為可能」是羿慧的座右銘，不斷突破自我、不斷找尋解方，幫助企業改善問題與陪同成長。企業

轉型是一條必須透過永續學習、經營、傳遞愛及不斷改變的持續過程，在這過程中，羿慧已經讓傳統黑手廠房原本髒汙油膩的既定形象，轉變為柯建宏建築師口中既現代化又美麗的「廠房藝術品」。

這段企業蛻變的旅程，包含內外控管與調整，透過產、官、學計畫導入精實管理，為企業內外部帶入高效率、高品質、低浪費的良好觀念、統合線上線下資源，來建立企業形象與曝光等。

感謝經濟部工業局於 2022 年給予機會，並協助拍攝企業形象影片，於網路宣導臺灣中小企業產業轉型的學習範例之一。不敢說是典範，羿慧只想說：「我可以，你們一定也可以！歡迎加入臺灣製造業的典範之一。」

夢想，一定可以實現的！

「你好！我是一位造夢圓夢者，我是羿慧，很開心走在夢想的道路上，有你們的相伴，當年那本書《夢想這條路踏上了，跪著也要走完》著實鼓勵著我，同樣送給想圓夢的你。」這是羿慧想要送給讀者期許的話語。

羿慧期許透過這本書，與更多想造夢、圓夢者的讀者分享幾個重點：

第一、規劃藍圖固然重要，準備好自己更是關鍵。

曾經的一堂課，改變了她一生的方向，當時老師要學生們做一件事情，這件事情充滿魔法：「請你拿出一張不大的空白紙，認真用心地寫下你希望 N 年後的自己，是一位什麼樣的人，寫完折好收好。」

這不是老哽，當年 30 歲的羿慧，在這張紙上寫下：「我希望五年後，成為一位知性、智慧與美麗兼備的跨國女企業家。」

這是當時的目標，更是仍然走在這道路上的羿慧未來的目標，人因夢想而偉大，是不是口號，就看我們自己如何執行。

訪談過程中，羿慧笑著說：「汗顏，因為目標尚未達到，我認為自己還有很多需要成長與改變的空間，我自己覺得：尚未完成跨國女企業家的目標。我會繼續努力，同時也鼓勵想圓夢的你，現在就行動吧！時間小偷會在我們不注意的時候，偷走我們的夢想喔！」

第二、希望大家透過本書，能夠更加了解臺灣中小企業的真實狀態及製造業的發展。

她曾經很想栽培一位機械系大學畢業的學生，對方很優秀，很適合從事技術工作，可惜因一通父母的電話，放棄了讓自己繼續往製造業發展的機會，起因是父母說：「做黑手沒前途，要嘛回來跟我種田，或是找更有未來的工作。」

羿慧雖然只是全球製造供應鏈的一顆小螺絲釘，但她

仍然希望告訴各位父母親，請多聽聽孩子們的嚮往，多陪伴他們去了解各行業的優缺點，行行出狀元。

尤其是當今資訊爆炸、網路當道的年代，各行各業皆有機會成功，重要的不是別人給予你什麼，而是你願意做什麼、付出什麼、學習與改變什麼。

唯有放手讓我們衝刺與跌倒，才能讓我們明白，辛苦勞作才能有所收穫，天下沒有白吃的午餐，這些老哏有智慧的話，是真的！

第三、若剛好你和羿慧一樣，是擁有傳承責任使命的世代接班人，請別再逃避，請你不要孤軍奮鬥，可以和羿慧聯繫，你將獲得或多或少的資源，最少你能認識羿慧這樣一位盟友，在傳承路上互相加油打氣！

傳承與轉型這條路，著實難走且困難重重，不管是否承接事業或是創業，自己都極需擁有強大的心智、堅定的信仰與意念，以及永不放棄的毅力，學習合作與交流，試著建立屬於自己的人脈資源與管道，唯有自己開創的才是

自己的。

當我們學會開創，就要學會感恩、學會回饋，不管是所愛的家人還是企業夥伴，甚至是客戶，這人生「唯一不變，就是一直在變」，選擇比努力更重要，未來的時代，唯有更競爭。

因此羿慧希望創造更多的溫暖與愛，散播到世界各地，《聖經》馬太福音 7:2 說：「你們不要論斷人，免得你們被論斷。因為你們怎樣論斷人，也必怎樣被論斷；你們用什麼量器量給人，也必用什麼量器量給你們。」

羿慧最後要祝福讀者們，彼此有朝一日都有被世界看見的機會，唯有大家共創、共榮、共好，共同為世界綻放美麗的光芒吧！

掃描 QR Code，了解更多李羿慧的故事

美麗的隱形翅膀
青宇企業 李羿慧

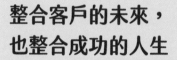

整合客戶的未來，
也整合成功的人生

智合未來科技整合公司創辦人張瑜芳

隱形冠軍：
打造南臺灣第一家女性創立的科技
整合公司

成功箴言：
當大家都不看好我時，我更必須
做出成績來讓他們刮目相看。

投影幕上映著大大的八個字：「智能創造，合作未來」。

那位臺風穩健、侃侃而談的企業家，既能用深入淺出的方式分析科技趨勢，也能暢談各類 3C 應用、AI 智慧、區塊鏈、系統整合，以及對許多民眾來說比較深奧的工程及技術應用。

她不是穿著實驗室白袍的理工菁英，也不是上市上櫃公司老成的發言人。她只是個芳齡二十多歲的女孩，而且她並非電子相關科系畢業。事實上，她大二那年就已經休學，直到幾年後才又重新研習，取得企管學位。但許多年紀大她一、兩輪以上的老闆，都在她的規劃協助下，認識新技術，做到穩健的企業轉型。

她就是張瑜芳，一個半路出家的科技人，卻成功地在傳統男性主導的科技應用領域中，闖出一片天。

二代出身的志氣女孩

　　瑜芳是一個外型亮眼的女孩，走在路上，總是會讓路人忍不住多看兩眼。但是當同年齡的其他女孩心中想著，等一下要去哪 Shopping，或是每天追劇、追星，憧憬浪漫的戀情時，行程滿到一天二十四小時完全不夠用的瑜芳，滿腦子想的，卻是如何開發新客戶、如何服務老客戶、該怎樣提升業績……這一類的「事業經」。

　　從小到大，一個既帶給她成長養分，卻也帶給她很多困擾的身分，就是「二代」。「二代」是一出生就已經註定的狀態，瑜芳沒有否認，也不需要否認，重點是：她的創業之路，真的都是一點一滴靠著自己勤奮耕耘出來的。

　　瑜芳的父母，在南臺灣算是小有名氣的辦公器材供應商，主力經營影印機、點鈔機等 OA 硬體買賣租賃。他們也是白手起家，人生經歷過起伏波折，好不容易才有現在的成就。

對於子女，特別是身為長女的瑜芳，父母只希望她可以過著平凡安適的生活；在生涯定位上，期許她將來能夠成為一個相夫教子的傳統家庭主婦。

至於一技之長，身為女孩，自然是希望她學會計囉！也因此，瑜芳的學生時期就在父母的規劃下念商學科系，也在母親的指導下，參與自家企業的會計、出納等事務。

但是瑜芳的內心裡，卻有自己不同於家人想像的願景，其實，她的願景已經將整個家族包含進去，只是身為一個「年輕不懂事」的女孩，構築什麼宏偉的事業大夢，都很難能讓長輩們信服。

然而瑜芳真的很想有一番作為，那不是單純受到什麼勵志書的啟迪才熱血沸騰、自我奮發的那種激情，而是她從小用心觀察，發現她必須做一些改變，不只針對自己的成長學習，也是針對自家的企業。

實情就是她的危機感告訴她，自家的事業若再不轉型，不但未來的前景黯淡，甚至面臨被淘汰命運也並非不可能。

　　證據就是親身參與公司財報的她，很清楚看見，如今家族的辦公硬體租賃事業，營業額跟十年前相比之下，那差距不只是銷售數字下挫而已，而是崩盤式的大大萎縮。

　　事實上，父母都是創業打拚出身，在南臺灣算是這個產業的元老，瑜芳看見的公司問題，他們自然也都知道，問題是該怎麼因應解決？

　　無論可以採取的作法是什麼，總之，解方不可能來自這個才二十幾歲的女兒。這終究是一個傳統自我設限的框框：第一，瑜芳是女性，並且是個年輕女孩；第二，她完全不懂技術相關問題，她只不過是個小小的會計。終歸一句話，她懂什麼？

　　就在這樣的設限下，一方面家人不認為她有什麼企業發展突破的能力，二方面外界對她也不看好，認為她就是一個不懂社會現實、只會作夢的二代千金。瑜芳的創業，實際上比一般人起步還難。她後來是如何拓展出自己的一片天呢？

自己的錢自己賺

其實，瑜芳內心裡那股追求目標實現的毅力，強大到遠超出乎旁人想像。越是被認為不可能，她越是要去闖出成績來給人們看。

瑜芳小時候就跟一般愛美的女孩一樣，最有興趣的領域是跟美相關的，若是由她自己選擇，她中學可能會去念美容美髮相關科系。但是在家人的企盼下，她還是乖乖的去讀會計，後來也建立起如今對她創業很實用的財會基本功。

然而當初由於並非是自己熱愛的科系，瑜芳大二時就在眾人反對中休學了。她從 16 歲開始，就很有志氣的說：「我的開銷我自己賺，絕不當伸手牌。」所以瑜芳從那年開始，就沒再跟家人拿過一毛零用錢。

初始靠著半工半讀，後來瑜芳邊上課邊思考：「我坐在這裡聽這門課有什麼意義？只是為了文憑嗎？」她覺得

耗費大量青春困在教室裡，很浪費生命，於是她才辦理休學，全心投入工作。

半工半讀時期，因為年齡限制的關係，瑜芳可以做的工作選擇相當有限。她嘗試過許多的行業，曾經在大飯店端盤子，曾經夜市攤位賣小吃，也曾經待過飲料店。年過 18 歲後，她也在百貨公司當過櫃姐，曾在飯店業服務當到主管。

不過青少女時期的瑜芳，內心還沒有清楚的未來藍圖，她的工作單純就是為了想要自立，不帶給家人負擔。她也要證明自己不是二代嬌嬌女，她認同勞動的價值，每一塊錢都靠自己打拼賺來。之後應家人要求，跟隨母親實習，幫忙家中事業的財會事務。

而帶給她人生很大轉變的關鍵，是 24 歲那年，瑜芳因緣際會地加入一個保養品批發零售產業。以結果來看，保養品批發零售業沒有成為她長期投入的事業，但在那大約三年拼業績的期間，一方面因為公司的培訓，二方面因為實戰經驗，瑜芳整個人脫胎換骨，也終於成就了她後來

可以真正創業的基本硬功夫。

　　具體來說，瑜芳從一個一心想為家族事業做點什麼卻有心無力，而徒剩焦慮的少女，到後來真正可以落實夢想，成為創業有成的企業家。背後的關鍵因子，也是瑜芳想跟和她一樣願意打拚創業的年輕人分享的兩大要點：一個是業務力，一個是人脈力。

智合未來的創立

　　瑜芳最早會接觸到保養品批發零售事業，是因為她長年打工忙碌，皮膚出了一些狀況。偶然間接觸到對自己狀況有實際幫助的保養品，並且發現這背後有商機後，就全職投入這項美容事業，這也符合她小時候對未來職涯的期許。

　　瑜芳原本是個偏內向的女孩，不擅與人交流，上臺講話還會緊張到發抖。但是她很感恩這間美容批發零售業公司，藉由循序漸進的相關培訓課程，教導她怎樣做業務、怎樣面對陌生人，更重要的是，這裡不只是培訓，而是必須每天具體應用，畢竟這攸關到自己每個月的收入多寡。

　　瑜芳彷彿突然開竅一般，發現自己其實是有這方面天賦的，她不但可以做好銷售，並且覺得自己很喜歡這樣的工作，可以透過專業的分享，與不同個性的人溝通交流，最終幫助對方。這其實也是她後來創立「智合未來」在做

的事，亦即幫助客戶成長。

　　瑜芳發現自己最快樂的事，就是看到客戶因為她所提供的服務而有所改變。不論是保養品批發零售業時期，看到客戶的皮膚變好，或者後來創業做系統整合時，看到客戶的企業轉型成功，客戶的快樂就是她的快樂。

　　脫胎換骨後的瑜芳，不再是安靜做內勤的女孩，而是一個受人信任的領導人，她在組織內做到很高的位階，不但讓自己賺很多錢，也幫助了所屬團隊成員一起賺錢，在她的領導下，她的組織體系在頂尖時期有數百人之多。

　　直到後來那個美容體系企業因為資方出問題，瑜芳才離開這一行。但這時的她，已經具備了企業家思維，既然不再從事美容產業，那她要回過頭來，專心投入一件她很早前就想做的事：她要幫助自家的辦公用品企業，擺脫逐漸沒落的危機，方法就是她要帶來全新的思維，讓公司轉型。

　　由於父母不認為這個沒有理工科技背景的女兒，可以做到什麼轉型，認為女兒想得到的各個環節，他們也早就

想過了，總之就是「不可能」啦！

　　既然無法從自家內部做出轉型，瑜芳於是做了一個重要決定：她選擇自己創立一間公司，而且這間公司，要扮演自家辦公設備的前鋒角色。也就是說，若是經營成功，可以幫原本的家族事業帶來業績，如果失敗了，也不會成為家人的負擔。

　　所以這家公司的成立，完全沒有跟父母要資金援助，而是瑜芳自己寫企劃案，透過青創貸款取得基本資金，加上原本自身的儲蓄所創立，這家公司就是「智合未來」。

整合資源的女將軍

創業維艱，對瑜芳來說更是如此，不只因為她是年輕女孩，更因為她真的並非工程、電子等技能本科出身，所以當她想創立一家公司，專門提供軟硬體設備及整合系統等服務，她第一個遇到的難題就是：「如果自己不是專家，怎麼說服客戶接受我的提案？」

事實上，創業一路以來，總是有老闆質疑：「你懂這個嗎？我碰到問題你可以解決嗎？」直到今天，瑜芳已經是系統整合領域的熟手了，也不斷受邀在創業論壇指導後進，然而她還是不免會聽到這類質疑的聲音。

其實這就是囿於傳統制式的觀念，特別是長一輩的人，根深柢固的認知就是談設備、談系統，這是屬於男性的專長範疇。那怎麼辦呢？畢竟一開始瑜芳也真的不懂啊！答案是：做中學。聰明的瑜芳採取循序漸進的方式，也就是先從自己熟悉的環節切入，然後再展現過往業務經

歷培養出來的敏銳度以及溝通力，將餅做大。

　　她熟悉的部分，例如影印機、印表機的租賃業務是她很熟悉的，她可以先幫客戶處理這部分的問題，再拓展服務範圍。至於碰到不懂的事情（這在初期很常見，幾乎天天發生），沒關係，不懂就去問，學會了下次就懂了。

　　初創業開拓市場兩個切入點，一個是自家親族資源，一個是商會人脈。瑜芳也承認，雖然自己的創業不是靠爸媽資金，但是父母的人脈圈，還是重要的市場切入點。

　　當一個年輕人還沒有什麼資源或名聲時，若能抬出自己父母的名號，的確是有幫助的，可是後面的業績拓展，還是得憑自己的真本事才能打動客戶。

　　另一個人脈圈，來自於瑜芳自己的勤耕，包括從前做美業時認識的朋友，更包括商會中的夥伴，瑜芳加入了包含青商會等以企業家為主力的團體，認識很多優秀的客戶兼朋友。

　　整體的業務拓展步驟，先是跟客戶在基本認識的前提下，可以做訪問，包含父母本家這邊的老客戶，以及商會

夥伴所經營的公司。

　　接著藉由拜訪及不斷的溝通，用心去傾聽對方需求。在了解客戶的現況後，從聊天過程中找出對方的痛點，再從自家的資源中，找出可以滿足客戶需求的設備及系統。

　　解決方案有兩大類：一類是客戶若有缺的品項，例如缺設備，瑜芳這邊就提供設備；一類就是站在幫客戶「企業升級」的角度，主動提出建議方案。

　　瑜芳以一個商科出身的女子，每日勤跑男性為主力的工廠及科技相關產業，不畏艱難，碰到對方的質疑或是被人看輕時，也總是保持謙和的態度，並持續地用誠心溝通，終於陸續打開市場，也讓原本不看好她的老闆們，一一豎起大拇指。

　　包括父母也逐漸相信，他們家這個女兒還真是創業的料，如今父母的工廠已經成為智合未來的下游外包廠商之一，瑜芳不只幫客戶整合資源，提升產業競爭力，自己創立的智合未來本身，就是典型的「上下游資源整合」，而瑜芳就是那個整合所有資源並且衝鋒陷陣的大將。

讓自己成為整合資源專家

　　瑜芳用自己的創業當證明，任何人，不論是男性或女性，不要找任何藉口來為自己無能成就事業做開脫，別人可以為自己貼標籤，但是自己絕對可以用業績實力撕掉那標籤。

　　在創業的前三個月，瑜芳真的是有苦說不出。那時候既沒有客源，甚至也沒有產品。瑜芳初始能提供的服務，只有辦公室硬體銷售租賃服務，那其實就等於只是擔任家族企業的一個業務代表，但瑜芳要做得遠遠不只如此。

　　她清楚知道：不論是自家還是父母現有的客戶，都還處在舊思維裡，迎接時代新挑戰，必須做到整個企業體提升，而那個提供整合服務的專家就是智合未來。

　　以最簡單的淨銷存管理來說，多少企業依然還在紙本作業？特別是南臺灣許多的傳統企業，長此以往，導致連自家有多少客戶都不清楚，哪個客戶很久沒來叫貨了？甚

至自家某個型號還有多少庫存？都不知道。可能明明倉庫某個角落還有幾個庫存，但因為老闆不知道，一有客戶下單又去叫貨，許多錢就這樣浪費掉。

進銷存還是比較基本的需求，其他更進階的包含人事管理、各種流程 e 化作業、以及從實體到線上的網路系統建置，還有相關的資安問題。每個環節短期內看似要投入相當資金，但長期來看卻是提升公司產能以及營運效率所必需。

關於這些，都需要有人來一一跟老闆們解說，並且提供設備與服務，還要做到長期的維護以及專業諮詢。

瑜芳創業初期，就是邊做邊學，並且投資系統研發，努力撐過初期公司沒有進帳的艱苦階段。

會計出身的瑜芳，怎麼讓自己成為老闆們信任的對象呢？這可以分兩個階段來看：

第一階段，基本功課一定要做，瑜芳可以坦承自己對系統的專業不及格，但絕不能腦袋空空的就去拜訪客戶。瑜芳花了很多功夫，跟設備供應商的師傅和自己創業的合

作夥伴工程師學習系統操作，讓自己至少有四、五十分功力，才去拜訪客戶，這樣也才能跟客戶交流對得上話。

第二階段就是典型的做中學，客戶提出他們的需求或困擾，瑜芳再把資訊帶回來，透過跟懂系統的人研究，下次再拜訪客戶時，就能提出解決方案。

也在這樣的過程中，瑜芳和他的創業團隊逐一研發出各類系統。

如今的智合未來，一方面扮演系統設備整合窗口，好比客戶甲需要電腦、印表機及各類事務機，由智合未來統一當窗口，向不同廠商（包括父母的工廠）下單，做好整合服務給客戶；二方面扮演企業轉型升級的諮詢顧問，好比說客戶乙想要整個企業升級，由智合未來經過整體的診斷評估後，分階段提供進銷存、ERP 系統和網路升級等服務。

瑜芳對自己企業的未來很有信心，就好比公司名字取名叫做「智合未來」一樣，她知道自己永遠會追著趨勢的發展跑，科技進步了，產業升級標準提升了，智合未來也

都可以扮演那個協助升級的角色。

　　這樣的企業不怕成為夕陽工業，也不怕競爭者眾，因為自己勇於學習，總是伴隨著客戶，滿足企業的要求。

　　如果說一個本來對大部分系統專業術語一竅不通的女孩，都可以靠著認真以及誠心學習，在一、兩年內成為專家，又有什麼好擔心未來會遇到怎樣的挑戰呢？

鼓勵人人成為創業家

　　而今瑜芳隨著企業的營收逐漸穩固，也設定了清楚的基本客群，她主力要服務的是協助傳統企業升級，此外，她另一個大客群就是新創公司，基本上，智合未來的定位就是：「想創業嗎？來找智合未來可以幫你搞定」。

　　也就是說，任何新創企業想要從無到有，必須要建立辦公室，後續包含採購電腦、印表機、搭建網路、建置基本客戶管理資料庫……等等，這些都可以找智合未來一手包辦。

　　新創老闆只要努力先建立自己的產品線，以及開發客戶就好，成立辦公室的基本需求，瑜芳的智合未來都可以提供設備系統整合服務。

　　對於這樣的客群定位，也是因為瑜芳自身年輕創業的經歷，所以瑜芳的另一個生涯規劃，就是協助人們創業，打造創業學院平臺，透過演講培訓或者影音教學等方式，

幫助不論是年輕人或中年轉型創業一族，能夠建立正確的創業思維。

關於創業，瑜芳覺得要分享的要點有很多，但她提出兩個最基本的，也希望有志創業的讀者可以做到的，第一就是建立業務力，第二就是努力拓展人脈圈的同時，做人真誠至上。

瑜芳強烈建議，任何人不論從事哪一行，趁年輕有機會要主動參與業務工作，可以是那種無底薪制、很有挑戰性的商品銷售業務員，也可以是駐店的現場銷售代表。

至於面對客戶，植基於人脈雖可拓展客源，但是客戶最終看重的還是你的真誠。

以自身經歷來說，瑜芳認為專業很重要，但不是客戶的第一考量。

對大部分的客戶來說，有專業的供應商比比皆是，最終他們還是想找「可以信任的」廠商。所以瑜芳雖然一開始並非那麼專業，但因秉持著誠信溝通，客戶還是願意找她服務。因此，業務力很重要，溝通誠意更重要。

　　瑜芳也要鼓勵讀者,特別是年輕朋友要勇於創業,因為唯有創業,自己當過老闆,才能改變思維。創業成功了,那很好,再接再厲,未來一片光明;就算創業失敗了,趁年輕早點跌倒早點累積經驗,這未嘗不是好事。

　　有些人或許志向不在當老闆,或者不一定想從商,然而瑜芳認為,趁年輕有過創業經驗的人,人生格局必然有所不同,未來不論從事哪個行業,都會更加成熟穩健。

　　瑜芳自己也感受到,唯有自己創業後,更能感受當年父母白手起家的辛苦,這讓她對父母更加感恩,家庭生活也更為融洽。

　　最終,瑜芳要強調的創業特質,就是感恩了,要對客戶感恩,要對夥伴感恩,還要對所有支持你、鼓勵你的家人朋友感恩。感恩因為來自長輩的叮嚀以及責備,可以刺激自我成長,也感恩來自家人、朋友的關心,以及感恩他們永遠做為背後支柱。因為感恩的心,創業之路感到溫暖安心。

　　每天早晨醒來,翻開行事曆又是一整天滿滿的行程。

因為心中對未來有期許，所以每天總是充滿活力。年輕創業家瑜芳嶄新的一天，就是這樣開始的。

掃描 QR Code，了解更多張瑜芳的故事

美麗的隱形翅膀
智合未來 張瑜芳

PART2

幸福健康 美麗翅膀

改變世界修趾甲的方式

美足弓坊及荘昌生醫股份有限公司創辦人 **吳總伶**

◆臺灣第一位正甲師，正確趾甲養護觀念推廣人

人、品、術、時：顏質管理師的創業學

顏之鑽沙龍體系創辦人暨奎蒂絲品牌總監 蔡惠芬

◆ 發源地於高雄的專業美容沙龍品牌創建者

人生也許無法盡善盡美，
但用愛可以開創溫暖品牌

玩美女人美學沙龍創辦人 吳思霖

◆ 臺灣獨一無二以護膚、養膚為主力的
　健康食品及保養品研發者

改變世界修趾甲的方式

美足弓坊及莊昌生醫股份有限公司創辦人吳總伶

隱形冠軍：
臺灣第一位正甲師，正確趾甲養護
觀念推廣人

成功箴言：
把握每一次機會，活出最有
特色最燦爛的自己。

年輕人不要怨嘆沒有工作機會，只要有心，生活周遭有很多尚未滿足的需求，都有切入的商機，如果沒有前例可循，正好可以讓我們開創新局。

人稱趾甲娘娘的吳繐伶，就是年輕企業家開拓藍海市場的好典範，她是國內第一個「正甲師」，也是許多人的健康守護神，因為有她的用心，解救很多為足病所苦的人能夠擺脫宿疾。

創業成功之道無他，唯有找到專長熱愛項目，全心投入而已。接著我們來看一個原本從事一般美業的女孩，如何基於孝心，投入一個尚無人開拓的市場領域，

事業有成，幫助家人，也幫助社會大眾。

認識趾甲與正甲師

關於「指甲」這個行業，大家都很熟悉，每個人身邊或多或少都有從事美甲、光療相關行業的專業朋友。但是對於「趾甲」相關行業，聽聞的人就少了。一般人的第一直覺是，腳趾甲不就跟手指甲一樣，需要美美的？反正愛美的女生都會去做手跟腳的指甲彩繪啊！

但是這裡的趾甲，指的是處於不健康狀態的腳趾甲，在臺灣，已有專業的正甲師，服務的對象男女都有，重點不在美甲，而是找回健康的趾甲。

其實在臺灣有至少數十萬人有腳趾甲相關的困擾，特別是中高齡層，有不適狀況的更多。常見的像是甲溝炎、嵌甲⋯⋯等，雖然聽起來不是大毛病，但是痛起來卻讓人根本無法走路。

而這類毛病經常都是慢性疾病，長年累月下來，讓當事人不開心。更別說若是牽涉到像是有糖尿病的長者，若

因趾甲生長異常帶來傷口，嚴重時是攸關性命的。

　　但許多時候，趾甲的狀況不是源於疾病，反倒是先有不正確的趾甲保養，後來才導致發炎，以及更多因感染產生的病況。回歸到最源頭，如果可以從趾甲的矯正端就做好管理，後續其實可以不必因此帶來生活困擾。

　　很多人以為的長年沉痾，一年四季都在跑皮膚科，花費了無數的醫藥費，最終卻發現，如果能夠從根源先處理好趾甲的生長形態，多年來煩惱的狀況就能不藥而癒。

　　本身是美容產業出身的吳總伶，正是看到自己家人長年為趾甲病痛所苦，因此花了一番心思去深入研究，才發現這裡頭原來大有學問。在德國，跟趾甲相關的毛病，是有專門科系做診療的，但是在臺灣以及大部分的國家，趾甲的任何不適，都被歸列屬於皮膚科範疇。

　　然而如果根本就是趾甲修剪不佳，才導致的趾甲嵌入趾肉的問題，醫師每天要看許多病人，也不可能親自下來幫病患修剪腳趾甲，那不僅僅費時費工，實務上也不夠專業。包括坊間諸多專精彩繪的美甲師們，還有許多人做全

身美容時要修剪腳趾甲，那些人也並不真正具備腳趾甲的綜合知識。

當總伶發現臺灣人似乎除了腳痛發炎，就去找醫師擦藥膏外，沒有一個可以從根本讓趾甲問題破解的良方。她於是投入諸多心力在這塊領域上，前後花了上百萬學費拜師學藝，也從歐洲引進專業儀器，並且她發願，在臺灣推展正確的趾甲保健觀念，也是她第一個為「正甲師」正名。

如今，正甲師已經得相關業界認可，這不屬於醫療行業，可是卻依然可以帶給人們健康。總伶也已著手籌備建置正甲師培訓的機構，她要讓正確的正甲觀念，由她開始廣泛推廣給國人。

學生時代就關心趾甲問題

　　和許多的年輕女孩一般，總伶從小就很愛美，她喜歡讓自己全身上下、從頭髮都腳趾甲，都看起來美麗可愛。而既然每個人都應該投入自己喜歡的工作，所以年輕時的總伶，最先從事的工作就是美業，一點都不意外。

　　她 14 歲還在念國二時，就已經開始在美業工作，當然，那時候她的身分還是學生，也就是趁假日時候，以學徒的身分去美容院幫忙，協助店長幫客戶做臉。

　　小小年紀就接觸職場，背後是有著父親的支持與鼓勵的，總伶的父親很早就傳遞給她一個觀念，女生不一定得依賴男人，如果自己學會一些手藝，就可以自立自強。於是總伶就一邊念書，一邊也在社會上工作。

　　當學徒時期是很辛苦的，根本沒正式的薪水，也不屬於勞保體系，只算是去學技藝，從沒薪資到最多賺取每天不到五十元的「便當錢」。直到念高職的時候，總伶讀的

是技藝班，透過建教合作的方式，她才有機會以更合理的報酬去醫美診所服務，也曾在國內知名的美容塑身體系媚登峰上班。

也就是在那段期間，她開始注意到，在做美容過程中，有些阿姨或阿桑，會拿一張椅子坐在地板上幫人家修趾甲。總伶當時疑惑著，既然是修趾甲，為何又不時看到會把人弄流血呢？

在醫美診所時，總伶站在醫師旁邊，也不時看到一些不忍卒睹的畫面，她看到醫師竟然要幫病人拔趾甲。又不是滿清十大酷刑，為何有人必須要被拔趾甲，或用工具去挖趾甲呢？觀察到這些情況，後來總伶也留意到，竟然連自己的家人也有趾甲的問題。

像是總伶的堂姊，便長年為此所苦，她更發現自己的父親也是有腳趾甲的問題，她那時更擔心的是父親有糖尿病，因末梢循環不好，若是不幸受傷感染，她聽聞嚴重的話，很多糖尿病友後來都得截肢。

也就是從十幾歲開始，總伶就已經在關心腳趾甲的問

題了。一方面她越來越注意到，其實身邊很多人都足下有礙，只是這種事一般人當然不會公開談論，連自家人可能都不知道；二方面她也注意到，到處都有人以可能傷害到腳趾的方式在處理趾甲，好比挖趾甲不是容易受傷嗎？但她卻常看到有人做這類的動作。

到底正確的做法該是如何呢？總伶困惑地發現，在臺灣竟然沒有任何對這方面提出見解的書籍或是處理的機構。她好不容易發現，在臺灣竟然有一個老師在做腳趾甲相關的技藝傳授，只是學費非常高昂，當時總伶已經深深對這個領域感到好奇，因此便去跟那位老師學習。

原來看似小小的一片趾甲，學問卻很多。這裡談的不是已經成為疾病的甲溝炎或甚至趾甲變形等等，而是談趾甲的生長源頭，以及一般修剪的原理。

大部分人原本的手指甲跟腳趾甲是正常的，但因為有人可能有些壞習慣，好比有些人一緊張就會開始無意識的咬手指甲，或有人是因為壓力大，平日有意無意的就摳指甲。甚至從觀察顯示，連出生八個月的孩童，就有摳

指甲的現象，一般比較常見的，則是四、五歲正在發育的孩童。

指甲如此，趾甲也是如此，可能原本沒問題，但因為一些生活習慣，例如穿到不合腳的鞋子，或是有的老人視力不好，剪趾甲時過度修剪傷到肉，後來也連帶影響趾甲的生長方向。

因著不同的體質以及不同的甲形，乃至於每個人趾甲出問題背後的生活習慣，關於趾甲要研究的領域也很多。當初在臺灣的那位老師無法傳授那麼深入，為此，總伶下定決心，她決定親自遠赴其他國家，尤其是常年去德國做這方面的研習，包括去找尋最原始的相關文獻資料，後來她並陸續從德國引進這方面的工具設備到臺灣來。

也因為總伶願意追根究柢的精神，找出解決問題的源頭，才有了後來的創業，嘉惠了眾多國人。

走過生涯迷惘以及初次創業失敗

創業並非容易的事，總伶出身於幫人收驚的家庭，經濟背景並不算太好，一路走來也是一邊摸索一邊突破各種挑戰。

總伶雖然很早就投入美業，然而總伶要從美業轉入做正甲這行時非常不順利。原因很容易理解，因為當時臺灣還沒有出現這樣的行業，一般人總覺得總伶所說的腳趾甲處理，不就是那種美容院幫人挖腳趾甲的工作嗎？雖然職業無分貴賤，但是家人和朋友都會想，怎麼年紀輕輕就選擇要投入「幫人修腳」的工作？

更早期的時候，總伶其實對自己的人生方向也很迷惘。父親曾經鼓勵她趁年輕要趕快擁有一技之長，但是對於人生的抉擇，父親並無法給她太多指引。父親本身是從事幫人收驚的服務，家中的收入主要是靠信徒投錢到功德箱。也許是因為這個原因，父親有感於這樣的收入不穩

定，才希望自己的女兒早日擁有專業，日後不論上班或開業，都比較可以有生計保障。

最終關心的，依然是經濟問題，其實這也是許多年輕人成長時期會有的迷惘，找工作先考量是否可以過生活，而比較沒去仔細深思，什麼才是自己真正的興趣。

總伶在青少女時期，先是從事美業，但一方面想要更了解其他行業的現貌，二方面也的確，當時從事美業收入不豐。在不知道自己未來何去何從時，她連自己想念怎樣的學校都不確定，因此在大學四年期間，就曾轉換過三所學校。經常也為了不要讓自己過得太空虛，她設法讓自己的行程變得很滿。

例如大學時她讀的是夜間部，有陣子學校下課後，她接著就去高雄加工出口區做大夜班的工作，直到早上一般上班族準備出門的時間，那時總伶才剛下班準備回家休息。總伶在那段期間可能因為精神不濟，有一回發生了嚴重的車禍，這讓她更感到人生無常，甚至有些灰心喪志。

在仍找不到自己的人生方向時，總伶後來選擇不斷的

做職能進修，那時她轉學到只有禮拜六、日才需上課的二專，因此有了較多的時間，可以去進修像是保險、房地產等課程。

短短一、兩年間，她取得了金融、房地產等證照，也包括美容美髮的乙、丙級證照等等。說是想更清楚各行各業的工作內容，實際上總伶是想透過學習，讓自己的心穩定下來。

她發現除非自己真正熱愛一項事務，否則再怎樣她都無法全心投入，就好比那時候她也會因為朋友的邀約去美容院做兼職，也有去做美容商品銷售，但那些對她來說都只是一份工作，沒能激發熱情。總伶發現，她還是無法忘情於她對趾甲領域的興趣，可是這方面卻受到家人極力的反對。

其實在總伶未滿 20 歲時，當時她還在念大一，就曾經有了第一次創業，從事的也是美甲相關服務。可惜那回創業算是賠錢收場，並且前後只維持了半年。那時的總伶受到某個朋友慫恿，說是在某間美髮店二樓可以承租店

面經營美甲生意，那位朋友還跟她保證，客戶一定源源不絕，因為在樓下做完美髮的小姐，很多都有興趣上來做美甲。

總伶聽了覺得有道理，就真的把自己的儲蓄投資在該店裝潢，準備做起生意來。當年她根本不懂得去做各種事先調查，直到有一天，一樓的美髮師傅看到樓上有人在裝潢，便滿臉困惑的問總伶：「你不知道我們這裡要收掉了嗎？一、二樓都已經出售了。如果你有興趣開店，我還有三樓可以租給你。」

但是此時總伶已經投入了很多裝修費，根本不可能有資金再重新裝修另一層樓。原來那個朋友從頭到尾都在欺騙總伶，結果根本生意也不用做了，花了幾個月的裝修整頓，沒多久就必須搬遷。這個經驗也讓總伶學會一件事，那就是不要總是對人對事太單純。

總之，如今已經創立「美足弓坊」的總伶，雖然事業有成，但是在她創業之前，也曾經走過許多摸索的路，後來回想起來，她也感慨萬千。當一個人沒辦法抓住一個有

熱情的項目，就不免會隨波逐流，一個人的心不安定，就總是不會快樂。

後來當她有機會受邀去各地演講時，也總是告訴年輕人，與其還沒畢業就汲汲營營想要賺錢，不如先去找到可以讓自己喜歡的事物，否則純為了錢而工作，終有一天會感到疲乏的。

總伶也感謝在摸索的過程中，曾經給予她指引，甚至包括曾害過她的人。她很感恩自己很年輕就有過創業失敗的經驗，能夠趁年輕就體會跌倒的痛，也讓總伶更早認清了社會的許多險惡面。

到了後來正式創業，她就懂得更謹慎，也懂得跟對的人合作，才能成功建立事業。

成功的正式創立事業

　　未滿 20 歲的第一次創業，當時總伶還不清楚自己要什麼。到了第二次創業，總伶比較有充分準備了，那時候她已經大學畢業，也去德國研習了現代化的趾甲整護專業回國，她是臺灣認真的素人技術師願意付出時間及精神，赴德學習這門領域的職人。

　　在還沒正式創業前，她先是跟醫美診所合作。基本上，她就是接手醫師不能處理的部分，當病患有腳疾時，會先來找醫師診治，醫師做了初步的傷口消毒或基本治療後，對於趾甲的後續處置，就交由總伶接手。

　　可以做個比喻，就好比現在門診常見的，病患去骨科掛號，由醫師看診後，接著可能就去一旁由民俗療法師傅做按摩。在臺灣這是合法的，民俗療法也不被定義為醫療行為。

　　而總伶對趾甲所做的處置，就是特殊專研的修整手

法、趾甲養成步驟，以及極致的環境控制，與器械消毒衛生處理，整個專研處置過程，完全沒有侵入性也沒有藥物治療。

但是由於在臺灣這個部分還沒有前例，也因此，總伶所服務的醫美診所，就常常接到有人檢舉，說有非醫師身分的人，在醫院做非法的醫療動作。當然，相關單位來調查時，也查無不法情事，但長久以往，總會讓大家感到困擾。

為了不要長期帶給診所醫師這方面困擾，總伶就想著：「我乾脆來成立自己的門市吧！只要不在醫院裡面，就不至於引來爭議。」

就這樣，總伶於 27 歲的時候，正式創立了「美足弓坊」，一開始依然是以工作室的形式，後來隨著業務量逐漸穩定，透過口耳相傳，也建立起一定的名聲。工作室轉型成長為趾甲養護的三個事業體：

1. 針對醫材事業：由於直營及加盟體系的需求，獨立出一個事業體，協助同業及消費者尋找更好的

服務及產品。

2. 教育訓練事業：提供完整的教育體系，完善教育
   內容，培養正甲師人力資源。

3. 指／趾甲養護中心，同時隨著店務拓展，也開啟
   了直營及加盟體系。總伶為了培訓，還承租了整
   棟的教育事業總部。

初創業時，店面刻意選擇離診所近一點，只是個空間
不大的巷弄一樓，當時就只有一張椅子，但是這可不是一
張普通的椅子，而是南臺灣第一張由德國引進的正甲處
理椅。當時沒有員工，就總伶自己一個人、一張椅子開
業起家。

那時候，非常仰賴由診所那邊轉介紹來的客人做足趾
處理。但是才兩、三年光景，美足弓坊就有了一番大好氣
象，那時候形勢轉換過來，經常是總伶這邊在幫助客人處
理腳部問題時，發現有的狀況還是必須先找皮膚相關醫師
診治，必須先治療過後，才由她來接手後續。這時候，就
換她這邊轉介客人去醫美診所了。

　　總伶的事業逐漸打出名聲，她也持續去精進，也常去不同國家進修，除了疫情期間外，總伶每年都會到德國尋找關於指甲以及相關儀器操作的技術課程。

　　指甲和趾甲也是預防醫學的觀念，除了指甲矯正是一門學問外，對於各類的體型，高、矮、胖、瘦以及不同年齡層的變化，指甲與趾甲的狀況延伸問題都不同。

　　像是灰指甲、黴菌感染、捲甲……等，如今總伶也是這個領域的專家。她雖然不是醫師，正甲師比較屬於美業的領域，但是她對於趾甲的專業度，絕對不會輸給科班出身的皮膚科醫師。

擁抱熱情，就能投入自己的專業

隨著創業已有基礎，總伶也如同一般企業的成長歷程般，積極擴充人力以及服務範圍。也由於門庭若市，有時會遭人眼紅，偶爾會被檢舉店內有採用高規格的醫療器材或醫療及消毒設備。後來總伶乾脆自己投資設立了一家生醫公司，並取得了合法引進器材的執照。

總之對總伶來說，就像當年她因為擔心家人，覺得趾甲問題需要解決，她就去找答案，後來的創業之路也是如此，碰到各種狀況，包含客人不同的趾甲問題，以及公司營運治理上的難題，或是遭遇任何瓶頸，身為老闆的總伶，就會努力去找出解決方案。

由於創業的初心並不是著眼於金錢，而是本著幫助家人，因此自創業一路走來，總伶總是充滿熱誠，看著身邊親友的趾甲問題獲得改善，看到一個又一個原本被宿疾纏身、以為趾甲將成為一生痛楚的客人，來到她的店裡彷彿

得到重生，他們充滿感激的道謝，並且願意不斷引薦新朋友來，這些就是對縩伶最大的回饋。

透過教育培訓，美足弓坊已經有更多可以獨當一面的正甲師，此時，身為老闆的縩伶，開始會花較多時間往返各地，並且經常跑到臺北做義工。

縩伶除了勤跑老人院或一些弱勢族群單位，幫那些有腳疾的長者整復趾甲，她只要一有機會，就會透過講課的方式，宣導正確的保養趾甲觀念。

這條路真的任重道遠，相信許多人之前根本沒有聽過正甲師這個行業，也不曉得原來趾甲有那麼多學問，並攸關身體長期的健康舒適。

也因為有感於單靠一己之力無法快速宣揚正甲師的理念，在 2023 年，縩伶決定創立正甲師協會，並且立志在臺灣建立正甲師認證。

而早在前一年，她已經籌畫建立了臺灣第一套有系統的正甲整復學習課程，並且規劃出一系列的初、中、高階班。縩伶希望透過栽培出更多的種子，讓臺灣有更多人

認識正甲專業，可以有更多合格照護趾甲問題的專才及師資，這樣才能造福北、中、南各地的民眾。

對於年輕人，總伶想要給予的指引是：不要只把工作當作一種謀生，要找出從事一項職業的熱情。

如果沒有熱情，很多時候，一旦碰到挫折就很容易打退堂鼓，或者在職場上容易不快樂。以總伶本身來說，她當年想投入正甲這個行業，遭逢的是一面倒的反對聲浪，如果沒有足夠堅定的意志，真的想做一番事業，是很難走到今天這樣榮景的。

包括正式創業後，家人和朋友也都還是處在誤解中，直到近一、兩年才恍然大悟，原來這是一個全新的行業，而總伶其實是一個勇敢開創新局的先鋒。

此外，總伶本身也是單親媽媽，剛開始創業時，店裡只有她一個人，她還需一邊帶著孩子，一邊經營店務。期間也經歷了疫情肆虐，當時甚至有些診所經營不善而關門大吉，不過美足弓坊比較沒有受到影響，因為趾甲問題不會因為疫情就減少需求，只要做好衛生安全防護，來看趾

甲的人依然絡繹不絕。

最後，總伶要送有志創業者一個公式，與大家共勉：

I X D＝R（想像力 X 願望＝事實）

心中有熱情、有使命，就好比美足弓坊的理念，讓每一個人可以解除煩惱，站穩腳步，健康往前走。

掃描 QR Code，了解更多吳總伶的故事

美麗的隱形翅膀
美足弓坊 吳總伶

人、品、術、時：
顏質管理師的創業學

顏之鑽沙龍體系創辦人暨奎蒂絲品牌總監 蔡惠芬

隱形冠軍：
發源地於高雄的專業美容沙龍品牌創建者

成功箴言：
合作是世界的趨勢，吸收他人智慧
共同打拚，創造共生三贏的未來

創業的劇本有千萬種，每位企業家背後都有一個奮鬥的故事。在高雄已有三家店、有著在地男女高指名度的顏之鑽連鎖沙龍，以及該體系所推出專利研發以「做臉專家」打出名氣的奎蒂絲保養系列，企業文化以提倡優質的技術、親切的服務與專業的美容產品，讓顧客有最完美的體驗為宗旨。

創辦人則採用溝通合作的概念，不把光芒攬於自身，而是讓團隊成員均有發揮的機會，甚至希望人們只要記得這是一個專業服務至上的品牌就好，一切的成就都是來自團隊的努力，各司其職把服務品質做到最好，讓顏之鑽成為顧客臉部保養美容的首選。

接下來我們所訪問的企業家，與合夥人一同打造出顏之鑽體系及奎蒂絲品牌的創辦人之一的蔡惠芬 NI MI。她為了幫助更多年輕人找到自己的路，難得接受專訪，分享珍貴的創業路程及品牌價值的建立，希望幫助現代年輕人可以找到一條屬於自己的創業之路。

對「美」做到全方位專業

在 NI MI 的理念中，美是一種人生態度，所以她希望能夠創造出一個平臺，讓社會大眾能更認識自我的美，為了達成這個理想，顏之鑽因此誕生。

顏之鑽的品牌精神，以人、品、術、時這四個要點為主軸。

人：為員工保障生活，為顧客魅力加分。

品：只使用最優質的產品。

術：以我實力，塑您美麗。

時：享受呵護美好時光。

這是顏之鑽的企業文化，也是未來使其更加壯大的宗旨與依據。

相較於許多美容或美體沙龍店家，老闆喜歡自己擔任

「店內焦點」，NI MI 卻有不同的做法，實際上，她更注重於品牌整體的市場規劃及美容師的專業培訓，特別注重臉部與美體的細節保養，並且非常在意顧客的來店體驗感受。

NI MI 與合夥人的經營策略，更著重於在行銷、市場拓展、研發溝通、管理培訓，以及不斷地在拓展顏之鑽的路上自我提升。

特別是如今的顏之鑽，在南臺灣已經有相當的成績，她深知創業的艱辛，因此非常積極在為顏之鑽每位員工，制定職涯發展，特別是鼓勵員工內部創業，共同發展事業，也共同分享成果。

經過一段時間的門市經營，NI MI 發現要有好的服務，就要有好的產品互相襯托，兩者之間缺一不可，所以更與合夥人致力研發專業配方的美容產品，這就是奎蒂絲專業沙龍保養品的由來。

奎蒂絲專業沙龍保養品的設計初衷，就是為顏之鑽的顧客量身打造的美容保養產品，其特性為能符合大眾膚質

的調理，沒有刺激性的成分，特別針對醫美術後的修護與混合敏弱肌專用的保養品。

奎蒂絲產品的主要功能，在於專業沙龍與居家保養，因此受到許多同業美容店家的肯定與喜愛，並形成品牌代理的商業合作，更加體現出奎蒂絲的產品價值。

美容本科出身的專業達人

從小就對「美」有興趣，NI MI 在求學時期就讀美容與化妝品相關的科系，為未來的創業之路，打下了紮實的基礎。

當時她想讀與「美」相關的科系，理由很簡單也很務實，未來想要從事與美相關的工作，唯有「美」這個方向自己最有興趣，如果將來無法從事這個產業，至少也能做到把自己的外表打理得漂漂亮亮的。

NI MI 從小就確立志向要做跟美相關的產業，其實與美相關的選擇不只是美容，包括室內設計和服裝設計，也是當時被她列入的「美麗產業」。但命運最終的安排，NI MI 考上了美容科系，她也認真的投入。

任何的專業領域，在求學時期都會有基本的教育，正所謂「師父引進門，修行在個人」，想要從基礎再更上層樓，就是要有努力不懈的精神，以及精益求精的態度，才

能獲得與別人不同的成果。

NI MI 非常努力學習，也很刻苦耐勞的實踐，並且她真的很熱愛這個產業，在求學的學習過程中，對美業產生無比的熱情，因此從未想過未來要從事美業以外的工作。

每年從美容科系畢業的學生非常多，但真正從事並堅持的人卻很少。因為美容是一個高專業的服務工作，工時也比較長，而且要獲得顧客的認可是相當不容易的，因此有非常多的人會在中途就放棄，選擇轉換職業跑道。

NI MI 因為對美業的熱愛，除了在學校的學習之外，還很認真的與業界專業老師學習，由於付出比常人更多的努力，因而學習到非常專業的技能與手法，在大學時期，就已經是一位合格的造型師。

當時本著好學的心態，也嘗試從事新娘祕書的工作，累積了豐富的經驗之後，在業界也有了一點名氣，因此受邀幫時裝模特兒化妝，並獲得不錯的好評。

在累積了許多實務經驗之後，NI MI 發現在幫客戶化妝時，常常觀察到顧客的皮膚狀況都不甚理想，在與顧客

聊天的過程發現，原來絕大部分的人對於皮膚的保養知識是非常缺乏的，因此內心萌芽出想創造一個膚質保養的服務項目。

於是開始計畫臉部保養的服務，透過上課與業界老師的學習，並鑽研各種與皮膚保養相關的資料文獻，累積出非常專業的技術，漸漸地，NI MI 將美妝事業的重心移向膚質保養的領域。

NI MI 在此期間累積的經驗，源自於她勇於嘗試任何與美相關的職業，也因此，讓她對美的眼界更加開闊，而其中從事的職業，就包含婚紗造型師、接案性質的新娘祕書與專櫃彩妝師，累積的業界實戰經驗可謂是相當的豐富。

由於工作經驗的累積，同時積極考取各項美業相關證照，而在業界備受肯定，所以也受聘於業界講師，並獲得最親切的美業老師之美譽。

相較於一般人努力考取乙、丙級證照，NI MI 則是年紀輕輕就擔任了授予人業的老師，能有這樣的資格，完全

是因為她對自己的完美要求。

　　而有創業的念頭，是因為在教育學生的過程中，有很多學習畢業的學生選擇創業，但因為沒有團隊的幫助和有效的商業模式而困難重重，進而終止這條創業之路。

　　看在 NI MI 眼裡，她感到非常不忍心，因為她知道，學生們都很努力的想要完成自己的夢想，但卻被社會的現實無情摧殘而失敗，於是她想要創造一個平臺，一個能夠讓所有學生完成夢想的大家庭。

　　於是在一次與好友的聊天過程裡，兩人的想法不謀而合，立刻決定共同創業，顏之鑽 beauty salon 品牌就此誕生。

　　由於有這個遠大的目標，NI MI 知道最重要的還是對人的管理，於是她開始認真學習管理的思考邏輯與方式，也對自己訂下更嚴格的目標，就是要成為「顏值管理師」。

　　對於 NI MI 來說，顏值管理師是她對自己的期許，意義就是幫顧客做到美的嚴格把關，其中包含皮膚的保養

細節，半永久彩妝──霧眉眼唇霧眼線、體雕及美胸保養，與私密處美白等全方位保養。

在這些專業且細膩的服務之下，專業的自我要求尤其重要，因此 NI MI 是一個自我要求非常嚴格的人，時常在專業領域不斷進修，就是為了成為她心目中的顏值管理師。

創造專業共享的企業模式

雖然 NI MI 在美容專業上有非常高的造詣，也積極學習管理層面的技巧，但是她仍發現，有些專業還是需要實務操作的累積，而不是光靠學習，就能發揮最好的效果。所以她心中有了專業共享的概念，也就是說，能夠加入更多非美容專業領域的合夥人，各自發揮不同的專長，讓公司有更全面的發展。

對於 NI MI 來說，在擔任新祕講師的階段，要經營品牌是一種挑戰，當時因為主力都在教學上，因此當公司要轉型做品牌時，也迎來了一段經營的陣痛期。

就在這個時期，出現了顏之鑽的共同創造者 Peggy，Peggy 是 NI MI 以前百貨專櫃的同事，當時兩人互相交換了很多職場心得與經驗，突然發現有很多觀念互相認同，因此決定共同經營品牌，朝著公司企業化的方向前進。

在這途中，兩人遇到了非常多的困難與挫折，經歷了好幾次的經營危機，但是都在最後堅持了下來，也因此建立了兩人深厚的革命情誼，這更加堅定了 NI MI 想為年輕人創造一個專業美業平臺的想法。

從個人到團隊，對於 NI MI 來說是一種挑戰也是一種成長，因為單兵作戰比較不需要顧慮太多的問題，然而團隊就必須互相合作、互相包容，在合作的過程中，漸漸感受到雖然個人可以我行我素，但卻很常會忽略各式各樣的問題。

而團隊雖然有制度、有計畫，沒辦法這麼自由，卻能經過通力合作，發現更多隱藏的危機並及時解決，這樣更能增加品牌生存的機率，因此感受到了團隊合作的優勢。

經過一年的努力，顏之鑽也從單純的美容服務，增加了第二個專業項目——護膚產品品牌奎蒂絲。有了專業產品的輔助，顏之鑽在顧客的服務上，獲得了更多的好評。

但就在幾年後，遇到了疫情的風暴，這讓顏之鑽面臨了猝不及防的寒冬，顧客的流失及大環境的衰敗，考驗著

顏之鑽的生命力。

在 NI MI 想為產品定位做出更加專業化的突破時，邀請了第三位股東 Leader 加入團隊，由於 Leader 的加入，奎蒂絲有了實質性的飛躍成長，這也讓顏之鑽有了拓展第三家分店的契機。

也因為先前的兩位股東，均是屬於較具有創意能力的個性，因此以理性管理為導向的 Leader，在顏之鑽就有了無可取代的重要性。

員工即為事業夥伴──產業共生

　　關於顏之鑽沙龍，身為企業體所設立的營運宗旨，在店裡就有一面形象展示牆，列出四大理念，主體是四個字：人、品、術、時。

　　「人」包含員工以及客戶；「品」指的是優質的產品，也包含良好人品；「術」是指技術，也是美容沙龍客戶很重視的基本功；「時」比較溫馨感性，指的是希望來客在顏之鑽店裡，可以體驗美好的時光。

　　在四大理念中，「人」排行第一位，這表示 NI MI 非常清楚，「人」才是一個企業品牌的最根本，擁有好的人才，就是企業能夠蓬勃發展的重要關鍵，因此如何讓員工有與公司同舟共濟的心，成為顏之鑽非常重要的企業文化之一。

　　NI MI 觀察到，能在市場上站穩腳步並且蓬勃發展的美業品牌，對於員工的專業教育培訓與職涯發展的規劃都

非常重視，因為有好的未來發展，才能留住人才，公司才能有穩定的專業人力，可以拓展市場。

關於教育這部分，顏之鑽做得非常紮實，以一個新進人員來說，這裡嚴格規範，新人必須經過三個月的培訓，才能正式上場服務客人。

而在這三個月裡，公司會將最專業的技術及服務，完完全全、毫無保留的教育給新進員工，美容師確定通過內部考核，才能為消費者服務，這也是顏之鑽為了給顧客最專業的服務體驗。

顏之鑽創始之初，其企業文化便認為，技術應當無私的教育給每位員工，不應該私藏訣竅，因為只有最好的教育，才能訓練出最好的員工。

NI MI 從來不怕青出於藍勝於藍，說到這邊，就不得不好好介紹顏之鑽對於員工教育的細膩程度，首先，由 NI MI 親自教育服務客人的專業技術，然後再由 Peggy 教育專業的膚質諮詢，與幫顧客選出最適合的療程配套。

再來就是由 Leader 教育產品成分的專業知識，讓美

容師能更專業的為顧客建議其適用的產品，最後由店長教育美容師與顧客的應對進退，做到以親切禮貌的態度服務顧客。

顏之鑽的教育理念就是專業的技術與建議，加上親切的服務，即能成為一個正向的循環。如果正向循環沒有形成，美容師與顧客之間就比較難形成一個正向良好的連結。

而在公司的制度中，美容師的收入來源即為底薪加上業績獎金，所以收入就有賴於顧客是否喜歡到顏之鑽讓美容師服務。因此，專業的服務、親切的態度以及優質的產品，成為了正向循環中不可或缺的因素。

這也是積極訓練美容師的最重要的原因，因為只有讓美容師擁有一切專業的技能，才能讓他們在工作中大展身手，得到顧客的肯定，同時獲得她們應得的報酬。

能夠對員工有嚴格的要求，同時又照顧員工的福祉，這才是員工即為事業夥伴——產業共生。

在顏之鑽的美容師及事業夥伴，都能感受到 NI MI

與股東們的用心與規劃，讓人能感受到，在顏之鑽工作是能有一個非常美好的職涯未來。

由於顏之鑽是個以產業共生為精神的品牌，因此在對於員工的培訓與晉升上，公司內部有逐步式的學習曲線，讓美容師可以按照計畫學習，進而了解自身能力與顏之鑽的品牌價值。

透過學習，認同自己也認同公司品牌，進而產生共同奮鬥的心理，成為顏之鑽的股東，成就自己的事業，不必擔心創業會失敗，因為公司早已把創業風險都吸收了，進而提供全面且專業的創業模式，讓美容師共同成功創業。

合夥創業的好處

　　顏之鑽沙龍的創立，NI MI 採取合夥經營，而非獨資經營，因為她覺得合夥經營可以做到人脈共享、資源共享、腦袋共享，聚集大家的力量成就事業。

　　當然，合夥創業也有一定的風險，畢竟時常看見新聞上，共同創業的夥伴因為各種因素而爭吵，甚至告上法院，搞得本是合作無間的夥伴，卻變成不共戴天的仇人。

　　那麼，NI MI 選擇合夥創業，是如何做到保持優點，且避免掉可能的負面作用呢？最基本原則就是：包容與溝通。

　　在創業初期思考合作夥伴時，NI MI 就知道，想讓工作過程更加順暢，就需要找尋屬性相同的人，彼此在溝通與執行上要有一定的默契，並且要能互相理解、互相包容。因為過程中，難免會有理念不一致的時候，所以包容與溝通就顯得非常重要。

　　顏之鑽最可貴的地方，就在於彼此間不會堅持己見，而是在有意見不同的時候，往往能夠理性溝通，做出對公司發展最好的選擇。

　　NI MI 曾經就看過身邊有許多朋友創業，因為在創業初期挑選合作夥伴不夠謹慎，找到了很多與自己個性不合拍的人共同創業，進而在過程中，因為爭吵而讓事業四分五裂。因此與理念相同的人共事，是創業裡一件非常重要的事情，因為當理念相同時，遇到困難都可以互相討論解決，讓難題迎刃而解。

　　顏之鑽的三個股東，都有共通的價值理念，都認同「人、品、術、時」，並且也有基本的責任分工。三個人個別以不同角度切入，共同來提升企業成長：分工專責技術、行銷、培訓等不同領域，但每個領域也都共同可以討論。

　　以第三位股東 Leader 為例，他不僅是股東中唯一的男性，也是整個企業體系裡目前唯一的男性。他不從事第一線的美容工作，但他的專長是各種產品研發，有了他的

專業，培訓課程介紹保養品的各種成分時，他的解說可以
讓員工更容易吸收了解。此外，Leader 很擅長有系統的
建立公司管理制度與業績規章。

也因此，在 Leader 的帶領之下，讓顏之鑽成長到前
所未有的高度，也因為優化了公司內部系統，而讓數據
更加精準化，這也讓顏之鑽在對於顧客服務上，更能清
楚地看到該提升的地方，進而讓顧客消費的回流率大大
的增加。

在彼此各司其職之下，成就了現在的顏之鑽，這就是
合夥事業的好處。

創業是對社會的一種責任

NI MI 與股東們創立顏之鑽這個品牌,受到了員工的信任與顧客的支持,同時也肩負了社會責任,因為員工信任公司,進而選擇在顏之鑽發展自身職涯;而顧客的支持,則是因為信賴顏之鑽的專業,而選擇顏之鑽的服務。

為了回應兩者的期待,顏之鑽就必須嚴謹的把關所有細節與潛在的問題,從員工培訓到專業服務,以及優質產品與顧客體驗,這些及其細節的部分,每一個區塊都是必須認真重視的。

也因為受到社會的認同,顏之鑽絕不輕易放過任何細節,並對所有同仁表示絕對不能有僥倖的心態,一定要紮實地做好所有份內的工作,同時也創造出一個優質友善的創業環境與機制,讓所有工作夥伴對於未來不再徬徨無助,做到了照顧員工及家庭的社會責任。

從事自己終身喜歡的工作,身邊有一群有著共同目標

的夥伴，還有自己關愛的員工共創美好的未來。對於現今所有事業上的成就以及顏之鑽的發展，NI MI 一路上遇到了很多的貴人，給了她很大的幫助。

　　她明白，如果不是這些事業夥伴，以她自己的能力是絕對不可能走到今天，因此她對所有在人生道路上曾經幫助過她的人，充滿了萬分的感謝。

掃描 QR Code，了解更多蔡惠芬的故事

美麗的隱形翅膀
顏之鑽沙龍 蔡惠芬

人生也許無法盡善盡美，
但用愛可以開創溫暖品牌

玩美女人美學沙龍創辦人 吳思霖

隱形冠軍：
臺灣獨一無二以護膚、養膚為主力的健康
食品及保養品研發者

成功箴言：
學無止盡，當你遇到任何人生
關卡，重新用心學習就能
找到解答。

她有個比較不一樣的童年，隔代教養環境下成長的她，從小到大的每個學習歷程，都少了父母的陪伴。即便她的童年少了正常家庭的溫暖，但是她一路走來覺得幸福是靠自己創造的，後來也有了屬於自己的幸福婚姻家庭。

吳思霖曾經走過自怨自艾的路，也曾經對人感到疏離。但後來她自己也成為一個母親，除了和先生給予兩個孩子滿滿的呵護外，也逐步找回對原生家庭的愛。創業有成的吳思霖，後來既找回了信心，也找回了愛。

吳思霖是如何從無到有，建立起自己的事業及品牌？如何重新審視自己的人生路？也許「愛」是唯一的答案，吳思霖創立的品牌玩美女人，背後有著愛的故事。

孤獨無助的童年時光

　　如今回想起來，當別人還在為思霖的未來擔憂時，覺得少了父母教養的孩子，將來必會走向命運坎坷之路，然而思霖比起其他人，更加時時的警醒，她總是告訴自己，在缺乏正常家庭溫暖，也沒有導師願意好好牽著她的手指引前路的情況下，她更必須懂得做好自我約束，嚴守紀律要求。

　　由於思霖從小就少了父母親的照料，彷彿是個被「放生」到鄉下地方跟著爺爺、奶奶生活的孩子。

　　另一方面，她在學校的成績也不是很優秀，感覺上就是個不讀書的壞學生，因此，大家不看好這女孩也是可理解的。

　　其實思霖從小就很乖巧，當她 6 歲時因父母離異，被送到臺南善化鄉下，住在伯父、伯母家，被阿公、阿嬤照養。她懂得忍受來自四面八方的惡意眼光，在鄉下地方，

鄉民的觀念本來就比較保守，對於離婚這樣的事，非常不能接受，甚至毫不避諱，就當著思霖的面前道人是非。

那些關於「沒爹娘親身教養的孩子，長大一定會變壞」的惡言惡語，反倒刺激著思霖不能讓自己變壞，有時候，她看到鄉下地區的不良少年飆車、打架等等，也很擔心那是自己的未來。

所以思霖自己主動表示，希望可以去念管教嚴格的私立中學，在那種環境下，成績只要差個幾分，就得接受老師用藤條毫不留情的打手心，好幾次，思霖的手腫痛到無法端碗，吃飯還需要阿嬤餵。

當然思霖最後並沒有讓自己走上歧路，儘管她不是成績優異的好學生，但是絕對沒有品行方面的問題，也從不給伯父、伯母一家人帶來困擾。

到了高中，即將成為大女孩的思霖，刻意選擇報考離家很遠、位在屏東的五專，可以說從那一年起，她就離開了長達十年寄人籬下的生活，第一年住校，第二年起就半工半讀在外租屋。

　　此後，這一生她要對自己負責，包含學雜費、房租費以及所有開銷，都不再看他人臉色。

　　半工半讀的日子總是辛苦的，沒有家人陪伴的感覺更是孤寂的。當年原本是為了遠離臺南才報考的學校，後來越念越覺得無趣，於是思霖連五專都沒有念完就辦理休學，後來也沒再回母校念書了。

　　直到多年後，思霖投入美業已經逐步有了一番成績，在南臺灣以 Candy 為稱號的她，也算是美容界的名人，受邀在美容工會擔任講師。

　　思霖覺得，雖然學歷高低並不代表人生成就的高低，但是學歷只有五專肄業的她，每次出場自我介紹時，心裡總免不了有一絲缺憾。

　　於是在工會理事長的推薦下，思霖終於靠著當時教育部提出的「吳寶春條款」，可以用大學同等學力的資格念EMBA，於是思霖終於圓了碩士學歷的夢想，補全了人生的一塊缺憾。

　　而能夠以「同等學力」的資格報考研究所，這件事也

證明了思霖在美容產業已經達到了一種境界，也就是被認可為該產業的翹楚人物，足以為人師表，因此才能以專業的身分去念 EMBA。

思霖五專休學以前原本念的是日文系，後來她是如何從零開始，乃至成為這個產業的菁英呢？說起來，這件事跟母親有關。

走過坎坷路，更憐無依人

　　年輕時的思霖，對於生養自己的父母心境是複雜的，她對父母是既愛又恨。思霖曾經告訴自己，她做什麼行業都可以，就是不會去從事美容相關產業。因為自己的母親是美容師，思霖就是不想跟母親一樣，特別是不想滿足母親對她的期許。

　　然而命運的安排，最終讓思霖還是走上跟母親一樣的美容產業，甚至跟母親變成事業夥伴的關係，人生的際遇還真是難以預料啊！

　　年輕的思霖心中有諸多不滿是很正常的，畢竟自己的親生父母後來都各自組織了新的家庭，相對的，就比較沒有太多心力關注她，就算假裝堅強，每當思霖在外頭拚生計的時候，內心也是不免有些許委屈。

　　思霖由於休學，才十幾歲的年紀就進入社會工作，既沒有特定的專長，連五專文憑都沒有的她，謀事非常困

難。所以她能從事的，都是那些看起來無法長遠的工作，她當過餐廳服務生、服飾店店員、鞋店店員、醫美診所美容諮詢師、生技公司美容技導，甚至也在電話行銷當過客服。有時候，思霖回想起從十幾歲到 25 歲結婚成家前的這一段人生，都覺得像是一場夢，很不真實。

實際上，那雖然是她最青春的黃金歲月，卻也是最沒有夢想的日子。原因無他，一個人連生計都顧不來了，每天吃完這一餐還得擔心下一餐有沒有著落，這樣的人怎麼有資格談夢想呢？

不過也正因為曾經走過這段經歷，讓思霖在後來建立自己事業後，有了一個淑世的志願，她希望自己更有能力的時候，要幫助更多徬徨無助的人。

這也是她對於自家美容品牌拓展規劃中，下一個階段的計畫，她想要培訓像是單親媽媽或是中年失業婦女這類的困苦人，透過有計畫的教育訓練，邀她們一起加入產品銷售團隊。

此外，如今已為人母的她，知曉有許多婦女朋友因為

結婚成家後忙碌照顧子女，無法繼續原本的追夢生涯，也經常因為與社會脫節變得沒有自信。思霖創立的品牌，打算要來協助這些女性朋友可以獨立自主。

思霖很感恩上天，讓她在 24 歲那年結束了自立自強的歲月，找到了生命中的 Mr. Right，一個同樣也是出身於單親家庭的堅強男子。他們相愛結縭，生了一對可愛的孩子，擁有幸福的家庭生活。

直到那時，思霖依然對美容事業感到排斥，然而思霖內心裡卻也感到非常矛盾，自己明明就對與美容相關的工作有興趣。

她除了自己本身愛美外，當她終於有了家庭，也得到老公的支持，有機會創立小小的事業，她開店做小生意，選擇的依然是與美有關的生意——經營女性服飾店。思霖當時還曾自我安慰，認為賣衣服雖然跟美有關，但是跟美容根本八竿子打不著，扯不上邊。

思霖的服飾店經營了三、四年後，有個機緣讓她開始承接美睫的案子。原本的服飾店營收並不好，再怎麼努

力，也頂多是「餓不死但吃不飽」的格局。有熟客跟思霖聊天時告訴她，現在市面上很流行美睫，問她要不要去學，可以多一項技能。

思霖幾年前就已擁有各種美容證照，如今只要稍微練習就可以上手，她就以兼差的性質，投入這項服務，之後因應市場需求，又拓展出美容保養的服務。她在自家服飾店後面闢了一個小空間，專門幫人做美睫及做臉。有趣的是，思霖這回仍自我解釋，美睫跟美容是不一樣的，總之，她就是不要做跟母親一樣的產業。

然而，一個人的興趣與天賦最終是藏不住的，當思霖發現自己把大部分的時間都投入在美睫及做臉，反而不那麼重視服飾銷售的時候，她終於覺得要傾聽內心的聲音，人生何必跟自己賭氣？於是思霖才下定決心，投入跟美相關的事業，乃至後來創立自己的公司及品牌。

創立玩美女人美學沙龍

　　過往的學歷中，思霖並非美容相關科系畢業，甚至在20歲前，她也沒有在美容產業服務過，她是如何擁有美容方面的技能呢？

　　所謂血濃於水，思霖的父母雖然離異，但親情關係是一輩子的，思霖的母親是終身的美容達人，她在美業的因子，也遺傳給了自家女兒。

　　思霖的母親原本職業就是美容師，思霖小時候，在不同時期也有機會跟母親住在一起，例如學校寒、暑假時，母親會把她接去高雄住，那時候母親已經擁有了自己的美容沙龍。

　　當時小小年紀的思霖，整天就泡在那個環境裡，呼吸的都是美容保養品的氣味。

　　國小時，思霖在作文課撰寫《我的志向》時，寫的都還是將來想跟母親一樣，當個美容師。直到進入青少年叛

逆期，思霖覺得對父母離異這件事不能諒解，心裡才想著，以後絕對不當美容師。

然而母親三天兩頭會催她去考個證照，為了不想聽她嘮叨，思霖也就一一去考各種美業相關證照。

每次考試前當然要先做功課，而非常神奇的是，儘管思霖再怎麼排斥美容產業，彷彿她天生就是要做這行似的，在 20 歲那些年，思霖就已經取得包含美容、美睫、紋繡等各類美業證照。

直到 27 歲開始幫人做美睫，做著做著沒想到頗獲好評，客人一個介紹一個，後來思霖乾脆不再經營服飾店，而把重心專注在美睫個人工作室。

原本在生了兩個小孩後，思霖也想當個相夫教子的傳統家庭主婦，但是從十幾歲就開始工作的她，實際上根本不可能閒下來，她知道自己無法整天待在家，一定要有工作人生才會感到有朝氣，因此，創業之路對她而言是必須走的路。

思霖的美容事業，最初兩年是所謂的行動美容師，也

就是個人工作者，她沒有固定的工作地點，而是安排好行程，每天騎著機車去不同地方，到處去幫客戶做美睫及美容保養。

就這樣，一邊工作一邊存錢，客戶越來越多，也快速累積了創業資本。大約一年後，思霖擁有了自己的個人美容工作室，結束了四處奔波的日子。

將「玩美女人」變成品牌

為何後來有了品牌？事業如何拓展到更大的規模呢？

思霖在初創業時，仍是行動美容工作室時期，當時是沒有品牌觀念的，思霖就只是一個人，透過朋友關係介紹來的客戶，約好地點就過去服務，那時候還不需要品牌的觀念。

然而隨著客人越來越多，思霖擁有高指名度，開始必須透過名片方便讓客人聯絡自己。直到那個時候，思霖才想到是否應該要幫自己的工作室取個名字？就好比開店要有個店名，自己經營工作室，也應該要有個名稱吧！

那時思霖的想法是：「我這樣子跑來跑去，某種程度也是在旅行，我就是一邊旅行一邊玩，那就叫做『玩美』吧！」

於是思霖幫自己的工作室取名為「玩美女人」，直到後來開了店面，店名自然也就叫「玩美女人美學沙龍」。

只不過當時還是沒有品牌的概念，基本上，店名只是個識別登記標誌，讓客戶可以指定這個地點罷了。

當思霖逐步有了自己事業的同時，思霖的母親也一樣在創業。母親從原本的美容師，後來創業有成，經營起生技工廠，並且還研發出自有品牌。

只不過大部分時候，母親還是以代工為主力，主要是為了不要讓客戶把她的工廠當成是競爭者，所以母親自創的品牌，就只提供給認識的業界人士使用，包括思霖創立的玩美女人美學沙龍，也是使用母親的產品。

思霖當了母親後，感受到為人母的辛苦，她感受到生兒育女的不容易，也化解了長年對母親的不諒解。自己的母親開了生技公司，當然就要成為第一愛用者，並且她要以母親為榮。

直到那時起，思霖依然把創業當成開店的概念，配合客戶的需求，再向母親的工廠訂購產品。但是關於自家的「玩美女人」，還是沒有把這想成是品牌，包括玩美女人的 Logo 也是每幾年就改一次，好像這只是一種場地布

置，而非一種長期的識別體系。

真正的改變，來自於社團的影響力。大約在 2020 年，也就是新冠疫情剛開始爆發的那一年，思霖因為朋友的介紹加入了商會，而加入的原因，在於思霖想要讓自己更開放。

由於思霖小時候缺少父母陪伴而留下的傷痕，讓思霖的個性有些孤僻，她可以很專注地服務客人，但是如果要她主動和陌生人交際，她就會比較不自在。思霖也曾被評論跟熟人很聊得來，但是卻跟外人很難相處。

剛好也在那一年，她開始重回校園念 EMBA，必須與陌生的同學交流，此外還必須上臺做報告，這些都讓已經當老闆的思霖經常感到很緊張。

也因此，當初聽說有這樣的商會，對思霖來說，她看中的不是可以拓展生意，她只聚焦在來這裡可以有很多學習的機會，包括學習如何上臺講話、如何做好人際關係……等等。

那時思霖是以紋繡業產業的身分加入商會，直到後來

學到品牌的概念後，她才決定改變身分，以美容品牌做主打。也就是在那個時候，思霖被問到有關品牌設定的問題，她才深深思考到，原來她長久以來並沒有好好經營「玩美女人」這個名字。

就這樣，她認真思考這件事，也正式把「玩美女人」變成一個品牌，也因為經營了品牌，事業也得到更多的拓展機會。

以愛為基底的 One May 系列

　　什麼是品牌？每一個品牌背後，必須代表著這個品牌的理念，同一個品牌打造出的風格，要有識別性，建立足以讓客戶信賴的特質。例如 Nike、賓士、LV……等等。

　　思霖在 2020 年開始請人製作並正式註冊了「玩美女人」Logo，也在那時她開始想要研發「玩美女人」自家的系列產品。在識別區隔上，無論是沙龍店面或是自己研發的產品，都有清楚的 Logo 標示，在沙龍店以「玩美女人」做為主識別，在產品系列這端，則是主打英文名稱「One May」。

　　而在研發自家商品的過程，母親就是她的最大後援。當思霖和母親化解過往的怨懟後，兩人的互動是很密切的，母親研發出什麼新品，思霖總是第一個知道。

　　當思霖透過商會學習，有了品牌觀念後，她第一個想要推出的，是跟護膚有關的產品。緣由於家族遺傳的皮

膚，包括原生家庭的父親、母親，還有思霖自己以及其他家人都有皮膚問題，冬天皮膚會乾癢，有過敏症狀，非常不適，她總想著，如果有一個產品可以改善這些症狀該有多好？

所謂「商機來自於需求」，需求則來自於平常多用心觀察。思霖最早是因為從事美容沙龍，跟客戶建立了長期互動，逐漸就發現很多客戶如同自己的家人一般，有種種季節性的皮膚不適狀況。當時思霖想著，既然關於皮膚健康這個部分有很多人有需求，是否可以找到能幫這些人消除煩惱的解方？

也就是在這樣的心念下，思霖積極尋覓市場上相關的產品，用心久了，她自己也成了這方面的專家。後來投入資金研究，還包括廣泛參考國際文獻，加上來自母親那邊的研發資源，最終結合各種對皮膚保健有益的食材，研發出臺灣首創、專門對皮膚做到保健功能的健康食品，這就是「One May」系列創立的源頭。

「One May」的誕生，背後植基的是對家人的愛，

是思霖為了讓父母以及家人免掉皮膚乾癢困擾所投入的研發努力，並且也是一對母女連心、以愛煉就的溫馨產品。

自從產品推出之後，不但幫助了家人，也在玩美女人原本的客群中有相當的好評。而後隨著疫情解封，思霖對「One May」系列有很高的期許，她陸續開發出這系列的新產品，也逐步建立合作通路，並時常做公益，捐贈給相關的弱勢單位。有了品牌概念藍圖，思霖正一步步帶領整個企業朝向新階段的境界。

自創品牌不容易，推廣、研發的每個步驟都很艱辛，但因心底有個超越利潤的期許，思霖所創立的品牌，基於愛與關懷，這樣的內心使命，讓她拓展事業不怕辛苦。

對於想要創業的讀者，思霖給予的建議是：人的一生只有一次，請不要害怕嘗試各種可能，要勇敢去追夢。

有時候思霖想想，如果自己更年輕時，沒有因為各種內心障礙阻擋，而選擇更早去追夢，也許現在會有更高境界的成就。

追夢的過程絕對不輕鬆，事實上，若是太輕鬆了，很

可能是目標根本就設太低了，沒有太大的企圖心，就算達成夢想了也沒有成就感。

追夢真的需要勇氣，很多人還未踏出第一步，就預想著失敗會遭遇的痛苦，然後這個也猶豫、那個也徬徨的，不知不覺的人生過去了大半，才開始感到後悔。人生不該有遺憾，凡事都該勇敢去面對，就算遇到再大的挫折，也不該懷憂喪志。

曾經走過不愉快的成長年代，如今思霖已經擁有幸福的家庭，對過往的種種也已然釋懷，她現在經常跟父母親保持聯絡，事實上，「One May」產品的問世，也是要解決父親跟母親的皮膚困擾。

再者，思霖覺得人生要不斷學習，她本身當年雖然只有五專肄業，但是她從來沒有中斷過學習。不但取得了各類美業相關證照，也持續修習管理相關課程，取得EMBA 文憑後，至今依然長期安排每個月有固定的時間投入學習。

尤其像是產品研發過程，必須對各項原物料有所了

解，還有將來拓展品牌需要的各種行銷策略，都需要學習。學習是一輩子的事，思霖讓自己永遠走在學習的路上。

　　心存感恩，常存善念，如今思霖和先生非常疼愛兩個小孩，從不錯過任何陪伴孩子成長的機會。她不希望孩子在成長過程中有任何缺憾。

　　幸福不遠，幸福就在築夢踏實間。

掃描 QR Code，了解更多吳思霖的故事

**美麗的隱形翅膀
玩美女人 吳思霖**

PART3
專業致勝 美麗翅膀

堅持讓你成為一個美麗的化身

國際婚紗品牌曼尼、艾絲特手工婚紗創辦人 **錢淑貞**

◆ 國際頂尖婚紗品牌創辦人，婚紗界的臺灣之光

形塑律師新形象
——將感性價值注入在理性思維之中

維心法律事務所合署律師 **葉孝慈**

◆ 深耕高雄，嶄露頭角的新生代優質律師

堅持讓你成為
一個美麗的化身

國際婚紗品牌曼尼、艾絲特手工婚紗創辦人 錢淑貞

隱形冠軍：
國際頂尖婚紗品牌創辦人，婚紗界的臺灣之光

成功箴言：
堅持做對的事，當需要幫助的時候，神也會支持你。

堅持理念守住品牌重要，還是順應潮流賺快錢重要？如果眾人都持反對聲音，只有你獨自一人堅持，你可以守住多久？一年可以，兩年可以，如果有長達八年都得忍受異議聲音呢？該有怎樣的堅強毅力，才能夠做到這樣的堅持？

如今，曼尼設計在國際婚紗市場上，是如同桂冠般的存在，獨家、限量，在人生最重要的日子穿上，無比榮耀。創辦人錢淑貞也被譽為婚紗設計界的教母。

走過質疑聲浪，走過山寨困擾，走過兩岸奔波的困頓，錢淑貞在這個產業奠下的典範基業，也在中年後能夠協助二代傳承轉型，她是怎樣走出這樣的成功之路，讓我們來跟這位教母做學習。

獨一無二的婚紗界桂冠品牌

今天，當準新人們來到婚紗店選禮服時，準新郎、新娘及眾親友們都會非常慎重，畢竟這是一生只有一次的重要儀式，新娘肯定要以最美的形象登上禮堂，那件婚紗務必要萬中選一。

其實在婚紗界大家都知道，要找「萬中選一」，不需要眾裡尋她千百度，也不需要困在衣海裡不知所措，只要選擇穿上曼尼的設計款，保證就能驚豔全場，留住一個最美的印象。

然而，要穿上曼尼設計款的婚紗卻非常不容易，因為這個品牌從創立以來，就堅持以質取勝，只提供經典獨家，並且標準非常嚴格，一座城市只能有一家婚紗店取得一款曼尼設計婚紗，如果該款被某個店家訂購，其餘店家就算出再多的權利金想買，曼尼也不再提供。

也正是因為這樣，曼尼的設計既優雅且走在潮流之

先，可是卻又限定每座城市只能有一個據點（婚紗可以出租也可以買斷，若有客人買斷，同一家店便可持續進貨），因此每年只要曼尼的婚紗一登場，總是引起眾家爭購。

但畢竟一座城市只能有一個贏家取得，於是往往就有不肖業者想要採取犯規的手段，特別是在中國，仿冒成風、山寨林立，於是每當曼尼推出一款新設計後，沒多久市面上就會出現仿曼尼的設計婚紗。由於只要掛上「曼尼」兩個字，就等同是最高級婚紗的同義詞，因此各種婚紗都愛跟曼尼扯上關係。

某個層面來說，這也有助於打開曼尼的知名度，但是對創辦人來說，這種「額外的行銷」，也並非是什麼好事，她還是希望堅持自己曼尼品牌的獨創原則，因為每款設計都是她和團隊累積多年的設計功力，以及用心製作的結晶。每款都像是自己出生的寶寶那般珍愛，所以對於仿冒這件事，還是深惡痛絕的。

創辦人後來發現，大陸婚紗展主辦單位不但無法遏止

仿冒歪風，竟然還讓山寨品牌公然一起參展，這一點讓她感到心灰意冷，決定退出每年在中國舉辦的婚紗展。

不論如何，就算不參展，每年曼尼推出的新款式，依然是婚紗業界最熱門的話題，也依然是最頂級婚紗的代名詞，可以說，曼尼婚紗是禮服界的臺灣之光。

而這個臺灣之光的創辦人，曼尼婚紗設計的靈魂核心，就是錢淑貞。她有著別人難以超越的設計天賦，以及對服裝設計的高敏銳度，還有近乎將生命投入般的熱情。而她一路走來，也是歷經滄桑，才能練就曼尼這樣光芒萬丈的美麗婚紗品牌。

有天賦的個性女孩

錢淑貞投入婚紗禮服設計，到本書出版時已經超過三十六年，前面三十多年的時間，主力從事國內外精品婚紗禮服批發，都是堅持走著高級訂製路線。直到近三、四年，隨著第二代長大，企業發展也要進入下一個階段。

過去的三十年，為著自己的夢想努力，淑貞期待未來能透過這些年累積的經驗，協助二代實現夢想，期待有不一樣的轉型。

除了朝著永續主題發展外，更能透過不一樣的商業模式，為客戶及社會帶出更多美善的影響力，但這一切的改變，始終不變的是對設計及服務品質的堅持。淑貞對設計的熱愛，以及她對品質的堅持，源自於自小時候的種種磨練，以及父母所帶給她有關做人做事的道理。

淑貞出身於南臺灣，父親是個職業軍人，因為父親工作的關係，常常要舉家遷徙，因此她從小就常有轉學的苦

惱。也許朋友總是認識不久就分開，讓淑貞的個性變得羞澀內向，很多時候，她乾脆把自己投入在畫畫的世界裡。

畫畫是淑貞的天賦，她小時候就能夠靠著簡單的色筆，勾勒出令大人讚歎的素描。她平常也愛看漫畫，其中激起她對服裝興趣的源頭，是當年一些源自歐洲的少女漫畫，例如她很喜歡的《凡爾賽玫瑰》。故事中主人翁們穿著的華麗蓬蓬裙，就讓她感到好奇，並且時常在腦海編織起穿著華服的女主角們，可以碰到怎樣精彩的故事。

在求學過程中，或許父親也看到了淑貞的畫畫天賦，他建議淑貞國中畢業後，可以去讀職校，還鼓勵她去報考服裝科。這在那個年代是很特別的一件事，因為一般傳統家庭的觀念裡，女孩子就是長大嫁人，做個賢淑的妻子，像淑貞父親這樣有遠見、覺得女性仍然要學會一技之長，這樣將來才能保護自己的家長，算是少數。淑貞後來也考上了服裝科系，打下科班的基礎。

感覺上，愛畫畫且對於父親的建議言聽計從，淑貞應該是很乖巧的女孩才對，然而實際上，淑貞自小的個性，

其實是比較有主見且異常固執的，也正因為她的擇善固執，後來才會創立一個很有風格的品牌。

無論如何，小小年紀又個性固執的淑貞，不免跟家人有很多彆扭。她就是家中那個老愛跟長輩唱反調的孩子，特別是每次母親要她怎樣怎樣做，淑貞就想照自己的方式做。也因此，淑貞小時候在家中老是被母親修理，或者被罰站在門口，淑貞更是強忍情緒，倔強的站著。

即便如此，終究家教對她有很深的影響，母親是個非常重視禮儀規矩的人，因此淑貞就算再怎麼叛逆，還是被日常管教成為淑女，她在長輩面前，仍是個會被稱讚很有教養的女孩。

淑貞日後想想，這一切都要非常感謝母親的教導，如果不是小時候受到種種的約束及禮儀薰陶，她可能會成為一個有才華但太過桀驁不馴的人。然而因為長年的家教，淑貞進入職場後，總是被公認很懂禮儀，並且很得主管看重與賞識，願意栽培她，這是讓淑貞更成大器的轉化機緣。

從無到有的工作經驗磨練

後來能成為婚紗界教母的淑貞，小時候個性比較內向，甚至是比較封閉型的孩子。因為自己太有主見，老是跟母親起衝突，常常因此而受到處罰。

淑貞在學校也沒能認識新朋友，又常被男同學欺負，因此，學生時代的淑貞，內心經常感到受傷，覺得世界上彷彿沒有人在乎她，而平日最疼愛她的父親，又因為工作關係經常不在家，這讓她更加的感到孤獨和無助。

到了高職畢業，淑貞就開始想往外闖，因為她覺得在自己家鄉裡，整個人被困住了，想要尋覓一片新的天空，看看人生有沒有新的可能。這也是淑貞的獨特個性，許多人內心受傷會變得越來越畏縮，但淑貞反倒內心有種不服輸的抗拒，她會想要去突破困境。

第一次離開家鄉，她先從高雄去到隔壁臺南，並且挑戰自己，去外地做銷售工作。當時她擔任內衣專櫃小姐，

讓自己敢與陌生客人應對；之後也曾跑去報社工作一陣子，跟社會議題有更多接觸。

但是淑貞的內心裡，終究還是對設計有著濃濃的熱愛，特別本身是服裝科系畢業，也希望學以致用，不過當時南部並沒有相應的工作機會，於是她想到首都臺北尋求發展。

這時候，一直疼愛淑貞的父親卻堅決反對，畢竟一個十幾歲的女孩子，獨自跑到那麼遠的地方，父親實在不放心。然而因著淑貞的堅持，父親同意成全她的夢想，同時他也提出了一個條件，他告訴淑貞，要去臺北可以，但是如果一個禮拜內沒有找到工作，就得立刻回家。這是談定的條件，淑貞同意了才能出發。

就這樣，淑貞隔天就搭車北上，投靠在臺北工作的友人，她也很心焦的希望趕快找到工作機會，可是一天、兩天過去，眼看一個禮拜的期限就快到了，她實在不想就這樣放棄，只好抱著「先求有再求好」的匆忙心情，總算在期限快到前，淑貞看到有一家外銷禮服廠正在應徵學徒。

當學徒的福利條件很不好，一個月薪水只有 3600
元，不但要付房租，早、晚餐還得自理，此後近一年的時
間，淑貞的晚餐就只能吃一顆麵包。不過生活雖然很辛
苦，但至少淑貞遵守承諾，一個禮拜內找到工作，得以留
在臺北。

那年是 1987 年，淑貞在臺北當了一年學徒，生活雖
然克難，對淑貞的生涯來說，卻是很重要的階段。

那是她開始在禮服產業累積相關實務的起點，從此有
機會做禮服相關的實務練習。即便是傳統的師徒制，師父
並不會全心全意地把所學傳承給徒弟，淑貞往往必須自己
抽空「偷學」。

靠著一股不服輸的毅力，淑貞在那個外銷禮服廠習得
了基本功。以此為起點，後來逐步開啟了她走向禮服設
計之路。

從投入婚紗產業到自行創業

在淑貞年輕時的人生歷練過程中，也經歷許多人情冷暖，身為學徒，本來就難免會有種種委屈。一個人隻身在臺北，必須投靠友人，偶因工作理念上的不合，總會產生些摩擦，友人會在背後造謠攻擊，這使得原本個性執拗的淑貞，經常感到不快樂且無助。

但是在工作上，她唯一可以確定的一件事，就是她對服裝設計這件事真的非常熱愛。十幾歲在內衣專櫃時，她曾經信手用廢紙摺疊，就幻化出不同的衣服款式，讓同事感到驚訝。

在禮服廠時，她也逐步讓自己的功力大增，幾乎做到了只要看到一件禮服，她就可以模擬出該怎麼在紙上畫出該件禮服的版型。

經過在臺北一年的歷練後，淑貞回到了高雄，此時已有一定禮服基礎經歷的她，主動去應徵了當年南臺灣數一

數二的婚紗公司。這也是她正式參與禮服設計之始，從那年起，淑貞就走向了婚紗設計這條路。一般來說，服裝設計科畢業的學生，最常選擇的還是時裝設計領域，淑貞選了一個較小眾的市場，這也代表著她必須比別人更努力，才能在職涯上看得到發展。

剛去婚紗公司面試時，淑貞的資歷並不夠完整，在那之前，除了學校實習外，淑貞從來沒有機會真正在職場上剪裁過一件衣服，更何況是婚紗禮服了。但是在面試時，當老闆問淑貞會不會剪裁時，她大膽的說：「只要給我機會，我一定做出禮服讓你們看。」

當時主管就當場拿出一件婚紗，要淑貞照著那件衣服把版型做出來，淑貞於是拿著皮尺，把禮服的每個細節一一量好，最後剪成版子交給老闆。

結果如她所說，只要給她機會，她就能做出好成品。她過關了，正式踏入婚紗禮服產業。淑貞後來不僅僅成為全公司的第一把交椅，名聲也傳到外地，成為優秀的設計好手。也因此，後來她有更多的機會大展長才，歷練了不

同的婚紗設計公司，直到後來自行創業。

　　說起來，做服裝設計真的需要有一定的天分，而且腦中的邏輯概念要很清晰，一個好手可以從平面圖看出變成立體化的樣子。淑貞經常對打版師說：「只要我畫出來的稿子，百分之百一定打得出來，如果有人覺得無法執行，那我可以打給他看！」

　　很多時候，當師傅看到淑貞的設計圖時，不禁眉頭緊皺，覺得這件衣服只能存在於想像，無法真正做出來。此時身為老闆的淑貞便親自出馬，當場把紙上的設計圖化為實際的立體成品，讓師傅們都感到目瞪口呆。

　　也正因為淑貞有非常敏銳的設計嗅覺，以及對衣服各種視角的詮釋美感，她所創立的品牌曼尼，有一大特色就是修飾的部分特別好，能夠充分展現出女性的曲線，這也是別家模仿不來的特長。

眾聲反對中，堅持做對的事

　　對淑貞來說，服裝設計是一種腦力激盪，必須經歷過生活體驗積累的感觸，結合時勢以及流行美學，還有靈光一閃的創意，因此一年下來可以設計的品項有限，但是件件都是珍寶。

　　對她來說，其實創業最大的挑戰不是她的設計專業，而是企業的營運管理，尤其是她的想法不被員工理解時，甚至連自己的先生也不認同，那時她的內心十分孤立無援，卻又要堅持做好對的事，這種時候讓她最感痛苦。

　　創立曼尼這個品牌時，淑貞還沒有創業，她因為能力夠強，逐步被賦予管理職，擔任廠長職位並兼任設計師。

　　臺灣曾經是禮服王國，這也包括婚紗禮服的部分，臺灣設計製作的禮服行銷全世界，那個年代淑貞一年到頭沒日沒夜的忙，外銷訂單接不完，根本連睡覺的時間都不夠。趕單時她通常直接睡在工廠，每天忙到深夜，第二天

一早起床就繼續趕工。

後來淑貞自己創業，當時的合夥人就是自己的先生，兩人一主內、一主外，淑貞負責產品設計及工廠管理，先生則負責對外跑業務。她們過往承接的是 OEM 訂單，或者是自己依照市場流行設計的款式，等到自己創業後，淑貞就建立起曼尼品牌自己的風格。

品牌為何命名為「曼尼」呢？其實原因很簡單，因為自己姓錢，跟她熟稔的廠商，都喜歡直接親暱的叫她「Money」。因此淑貞乾脆就用 Money 的音譯「曼尼」，做為自己創業的品牌名。

雖然曼尼的本意是金錢，實際上這個品牌的最大特色，卻是追求獨一無二的高品質，甚至寧願守住品牌形象，也不願為了追求更多利潤而改變原則。

當年正是因為淑貞對於這件事的堅持，讓她創業後走過八年的黑暗時光。剛創業時，淑貞為了公司存續，走的還是 OEM 的路，但她也逐漸發展出自己的風格，並且堅持採取獨家策略，為每個區域的客戶設計專屬他們的款

式，而且公司要轉型走客製化路線，這兩件事遭到同事們和她先生的極力反對。

因為以經濟效益來說，客製化是非常沒效率的，工廠跑的是一樣的設計、打版、縫製流程，但是一次卻只能做一件衣服。還有，每個設計款在每座城市只授權一家婚紗公司，這些對工廠產能來說都是大大的浪費，有違生產線大量生產的效益原則。

當時只有淑貞一個人堅持，她認為這是新推出的品牌，唯有這樣做，才能走出自己的特色。儘管眾人一片反對的聲浪，然而淑貞是公司老闆，擁有最終的決定權，於是她持續忍辱負重，就算每天遭受先生及同仁質疑的眼光，她仍堅持不改初衷，而且這樣的時間竟長達八年。

隨著市場的變化，大家開始講求獨有、單一，因著淑貞八年的耕耘及堅持，後來曼尼禮服設計在業界中創造出口碑，成為指標型的品牌。這也連帶提升了公司的定位，曼尼就算產品的價格再高，依然有著國內外客戶蜂擁而來的訂單。

走出幽暗低谷

不顧眾人反對，堅持做好一件事，在這不算短的八年時間，所帶來的內心壓力是相當大的。

雖然創業那些年，眾人眼中的淑貞，是個做事兢兢業業、做每件事都很認真的老闆，但很少人知道，在那段時間，淑貞的內心很受傷。

個性獨立堅強的她，也不會對外求援，有苦只能自己往肚裡吞。旁人看不出，淑貞除了工作時間外，是讓自己處於封閉的狀態。

甚至有很長一段時間，她覺得身邊沒有一個人是真正的朋友，加上過往在不同職場上碰到的排擠乃至陷害等情境，都讓她對這個世界感到失望。

剛好淑貞另一半的個性和她幾乎相反，一個較自由隨興，一個卻處事嚴謹，對事情有著固定的堅持。無論於公於私，這也導致夫妻倆經常吵架。

　　工作量大，平常又找不到人溝通，淑貞當時得了憂鬱症，突如其來的情緒，時常讓她感到整個人快要崩潰。後來幫助她逐步走出來的，除了因為她對品牌的堅持，逐漸被看出對公司有正面效益外，宗教的信仰，也帶給淑貞極大的幫助。

　　人的盡頭是神的開頭，因著信仰的力量，讓淑貞找到了自己的價值，也看到生命的意義。

迎向新的轉型，品質服務要求依然嚴謹

自從 1992 年創業以來，包含創業前的工作資歷，淑貞已經投入婚紗禮服工作 36 年，從起初與先生共同創業，到後來妹妹加入經營，他們三人成為公司的鐵三角。淑貞主要以研發設計，先生負責業務推廣，妹妹則負責內部生產管理，三人合作無間，共同為品牌打出了一片天。

當兒女長大後，淑貞也開始思考傳承的議題，在產業努力了許多年，長年累月構思創意，她似乎有些疲乏了。2018 年，淑貞決定聽從內心的聲音，暫停腳步、整頓公司，因為她覺得自己少了設計創作的熱情，若只是為了工作而工作，將會設計出匠氣的產品，這是她不允許的。

就在她把工廠整頓、縮編的隔年，開始爆發新冠疫情，婚紗產業災情慘重，如果當時淑貞沒有縮編，肯定會受到更大的波及，或許還會導致企業經營的危機。正如《聖經》所說：「神使萬事互相效力，叫愛神的人得益

處。」每件事情發生，都有美好的祝福。

直到 2021 年，經歷兩年的沉潛，淑貞又恢復了設計的創作熱情，但疫情帶來了世界局勢及消費習性的改變，曼尼原本主力為自有產品設計，這部分依然持續發展。

而因著女兒的夢想，2019 年成立的「后麗芙晚宴館」，針對婆婆媽媽有訂製禮服的需求，以及名媛貴婦打造完美形象。另外，在 2020 年創立於高雄的艾絲特手工婚紗禮服專門店，也是由女兒掌理。

同時淑貞還如火如荼規劃著臺灣第一個禮服設計學院，她的願景是，讓長期以來跟著她一起打拚的打版師傅及設計師們，除了可以轉型有另一個職涯新平臺，也期許培養更多相關的人才，為產業盡一份心力。

此外，因應時下晚婚的趨勢，還有許多伴侶想當不婚族，淑貞的企業經營項目也有所調整。誰說一定要結婚才能拍婚紗呢？在新的事業部門中，不結婚的人也可以穿著美美的婚紗，拍出青春的回憶。還有她也歡迎銀髮族的伴侶們，來艾絲特手工婚紗，一方面回味夫妻多年相處的點

點滴滴，一方面也活絡腦子，大家來 DIY。

　　例如阿公可以想想，如果可以再回到從前，可以為心愛的另一半設計怎樣的婚紗？這件事不是夢，只要來到淑貞的店裡就可以實現，讓阿公、阿嬤重溫幸福時刻。

　　自從事業轉型以來，淑貞的新事業佳評如潮，后麗芙、艾絲特這兩個品牌，不只可以讓任何身形體態的新娘，都能透過他們團隊的專業服務，讓每位客戶穿出符合自己身形的美麗與自信。

　　此外，還能為新人身邊的伴娘或主婚人，乃至於各種活動場合的主持人，或是任何需要穿禮服的場合，只要來他們這裡，她就可以「一眼」看出每個客戶的身材特色，以最專業的角度，挑選出令當事人絕對滿意的禮服。

　　曾經有位母親身形比較高壯，她想要參加女兒的婚禮，但去過好幾家婚紗店，都無法找到滿意的禮服，她得到的回應，都是因為她的身材比較特殊，只能「將就」某些款式。後來那位女士輾轉聽到淑貞這邊的風評，於是就抱著試試看的心情前來，沒想到淑貞告訴她：「的確，我

們現場無法立刻拿出你可以穿的尺寸，但是你先不要管尺寸，可以先挑任何兩件你喜歡的款式，我這邊也幫你挑選兩件，然後過兩個禮拜再來試穿。」

那位母親訝異的說：「但是我還沒決定要買，也還沒有付訂金啊！」

淑貞說：「沒關係，兩個禮拜後再來就對了。」

兩個禮拜後，這位媽媽再次前去，符合她體型、穿起來美美的四件禮服已經準備好了，讓她感到非常驚訝。她穿起來既時尚又經典，完全修飾她高壯的體態，不只是顯瘦，而且看起來既年輕又優雅，后麗芙的服務實在太令她感動跟滿意了。

在淑貞的領導下，員工們也都了解老闆的風格。曾經有一個設計師，已經把客戶要的禮服都做好了，只因她覺得某些地方的車工不夠好，即使客人也不一定看得出來，但是那位設計師堅持整件拆掉重做，因為她知道如果是老闆淑貞，一定也會這樣做。

如同前面那位媽媽，雖然投入了四件禮服的成本，客

戶只會挑選其中兩件，淑貞認為沒有關係，她們品牌最大的願景就是：「透過三十年來的設計禮服研發專業，期許為每位客戶在她們人生最重要的時刻，每個人都可以成為最閃耀的焦點，成為最美麗的女主角。」這就是曼尼的精神，也是淑貞對婚紗禮服的要求。

對於有心創業的年輕人，淑貞要分享的珍貴建言是：「創業這條路充滿挑戰，找到你的熱情所在，無論碰到任何挫折挑戰，回到初心，堅持夢想，堅持為客戶創造價值，一定可以在人生中經歷美好的祝福。上帝祝福你！」

掃描 QR Code，了解更多錢淑貞的故事

美麗的隱形翅膀
后麗芙手工禮服　錢淑貞
艾絲特手工婚紗

形塑律師新形象——
將感性價值注入在理性思維之中

維心法律事務所合署律師 **葉孝慈**

隱形冠軍：
深耕高雄，嶄露頭角的新生代優質律師

成功箴言：
轉念看待一切，所有經歷都是為了成就更
好的未來，造就更優的自我。

說起來，人與人間的相處，串聯打造出來的不論是好氛圍或壞關係，影響成敗關鍵大多在於溝通，夫妻間如此，親子間如此，朋友社交圈也是如此。

況且各類牽涉到人與人間交流的職業及工作互動，諸如業務開發、生意商談、開店營生等，都有賴良善溝通帶來好的運轉，乃至於教師、醫生、司機、公務人員等各行業，其中律師更是如此。

在罪與罰還有負能量滿滿的世界裡，如何排解這些負面情緒，如何保持良好狀態，才能堅持走下去？接著我們少見地以一個貼近律師的角色，以律師的視角，來看她是如何在這行做出口碑。認識這位葉孝慈律師，她是如何襄助當事人度過難關？

將心比心做好溝通，幫助別人全方位檢視問題，善用同理心及運用轉念在法律工作上，讓她在兼顧情、理、法之下，成為一個傳遞正能量的優質律師。

突破傳統女性框架，迎向新挑戰

對大部分的民眾來說，最常跟律師接觸的情境，大概就是看電視、電影了。

我們習以為常的律師形象，很多都植基於劇情中那個「正義的化身」，特別是申冤助人為主題的電影，片尾律師鏗鏘激昂的結辯，最終伸張正義；也有人認為律師是魔鬼代言人，但律師的形象，不外乎是腦筋靈活、辯才無礙的智者。

真正的律師，就只是這樣子的嗎？一個成功的律師不能僅靠磅礡氣勢、滔滔雄辯，外表看來年輕嬌弱的女律師，難道就不能協助當事人獲取應有的公道權益？

這也是二十多歲就考上律師執照的葉孝慈，經常會遭遇到的質疑，即便律師執業超過十年，這類的質疑依然常見。

想必孝慈有著不同的人格特質及獨特的做事思維，讓

她可以突破這些質疑。她是如何打破傳統刻板印象，創造屬於自己的舞臺呢？

　　社會上一般的觀念，都認為女性擔任教職、公務員最好了，生活規律又有穩定的收入；孝慈卻選擇跳脫公務員的舒適圈，迎向極具挑戰性的律師工作，背後的推力又是什麼？

善用同理心，才能爭取最佳利益

孝慈出生於南美洲，在巴西長大，從巴西文化——真正的民族大熔爐，學習到各種文化能兼容並蓄的原理，在於尊重及同理彼此。當她可以用更寬廣多元的視野看待事物，可以體會及理解當事者的各種背景、特質及思維，這就是同理。

孝慈善用同理心，體會當事人有著不同的思維，有利於彼此間的溝通討論及案件處理。因為了解到自己當事人需要什麼、目的在哪裡，甚至引導幫助當事人發現內心糾結及痛處真正形成的原因，有助於覺察並為當事人爭取最佳利益。

這樣說起來，同理心不但很重要，甚至以律師達成為當事人爭取權益的任務來說，是不可或缺的，所以需要先同理，後分析。

同樣的，也要運用同理心在理解案件相對人上。這個

世界上最難有同理心的場合，大概就是訴訟場合了，的確，一般人生活中不論碰到什麼困難或委屈，大家心中總是覺得，不到萬不得已，絕不要扯上法律訴訟。官司一旦纏身，那可就等同頭上罩著一大朵烏雲，怎麼說都是件壞事。

可是若終究還是必須走上法院，不論是告訴人、原告或被告一方，肯定跟對方已處在勢不兩立的極惡情緒中。不怒罵相向都很難了，更別說是同理對手了。委任律師是為了打贏官司，要同理，又何必委任律師呢？

其實不然，同理心絕不是放棄自己的立場，不是贊同對方的作為，更不是示弱的表現。站在對方的視角看事情，有助於達成雙方協商、解決紛爭，或擬訂更好的訴訟策略。

就好比在戰場上，一個優秀的將軍不會單單只思考自己的作戰方針，也一定會設法去洞察「敵方的想法」，所謂「知己知彼，百戰不殆」，其核心思維，其實也是廣義的同理心。

　　所以，孝慈身為律師，懇切地給予案件當事人最衷心的建議，那就是發揮同理心看待事件本身。孝慈總是告訴案件當事人，要追求訴訟的最佳利益，先決條件就是要先設法理解我在意的是什麼、對方在想什麼？

　　有時候，靜下心來先想想自己真正感受到什麼、在乎什麼，最希望及最想避免的結果是什麼？再來換個角度想，為何對方如此刁難或對待自己？我到底做了什麼或者他究竟在乎是什麼？再想想今天如果換成是我，扮演對方的角色，我會在意什麼？我可能會採取怎樣的訴訟主張？

　　當一個人願意站在對方角度想事情，很多疑惑或糾結就可以找到一個化解的結點，而往往這樣的發現，對訴訟前的協商或最終訴訟判決的走向，帶來了關鍵的影響。

　　同理當事人，為爭取最佳利益；同理對造，為解決紛爭。先同理再分析，「同理心」的運用，讓孝慈在法律工作上做出最良好的溝通，擬定最妥適的策略，並在生活中廣結善緣，是成為優質律師的關鍵基石。

　　孝慈分享著說，同理心的運用，不僅適用在律師的行

業裡，在許多的商業活動中，或是人與人日常的相處中，同樣扮演著極為重要的影響因子。

諸如在商業活動上，同理自己的工作夥伴及員工，調整企業制度、帶人帶心，讓工作夥伴願意更努力付出；同理自己的客戶，了解他們真正的需求，調整商品或服務的內容及模式，滿意的服務可以讓忠實客戶死心塌地；同理自己的競爭對手，理解他們的商業策略，可以成為自己效法或是借鏡的對象，讓自己更上一層樓。

如果將同理心運用在人與人的相處中，體會接收他人內心的需求與感受，尊重及理解那些情緒與感受後，再進行分析與溝通，有助於解決困難的人際議題，更能廣結善緣。孝慈深深感受到，將同理心注入在我們的生活與工作中，一切會變得更美好！

灌注正能量於工作中，是扛起負能量重擔的堅強基石

　　如果一件事最終必須走上打官司這條路，訴訟的兩造總是充滿怨念，且無法良善溝通、理性解決的。

　　訴訟對立的兩方，可能是不相識的人，但常見的也有曾是恩愛的夫妻、曾經信賴的朋友、共同打拚的事業合夥人，或是長期合作的企業。對於對造有著許多的感受與情緒，可能是氣憤、厭惡、難過或不公不義；對於訴訟事件本身的箇中滋味，也絕非三言兩語可道盡。

　　當走到最後「法庭見」這一步，積累的強大負能量，當事者第一個想牢牢抓住的浮木就是律師，傾倒所有負能量的對象，也是律師。

　　要知道，對每一個律師來說，承辦不同案件是工作的日常，但是對每個當事人來說，卻可能是他們人生中最重要的大事，甚至很多人這輩子就只打這麼一次官司，可想見他們重視和在意的程度。

也因此，當事人一方面把所有的怨念苦水都往律師身上倒，強加給律師很大的重擔，二方面期待律師幫助自己，拉自己一把，「你是我人生唯一的浮木！」、「你要幫我主持公道、還我正義！」這樣的重責大任，律師要怎麼扛起來？正能量，正是扛起這重擔的堅強基石。

孝慈能夠有這麼強大的正能量，天天面對這些充滿負能量的人、事、物，除了因為她具備了同理心，也是因著年少時的經歷。

孝慈雖然外表看似陽光，卻也曾經有段灰暗意象的時日。那時候，孝慈剛從居住十一年的巴西回臺定居，由樂天開朗的巴西，來到較為保守嚴謹的臺灣。

銜接小學五年級學業的她，一來要面臨臺巴文化差異的極大衝擊，二來沒有父母在身邊，必須獨自面對人生地不熟的臺灣生態。一個年幼的孩子，面臨著適應環境的困境，與班上同學格格不入、學習有困難，她每晚抱著巴西家的狗狗照片入睡，更懷念從前住巴西時，那種無憂無慮的自在生活。

到了中學，孝慈更因不適應臺灣的填鴨式教育，以及凡事以考試為目標的學習型態，在父親「唯有讀書高」的嚴厲管教下，一直走不出種種黑暗消沉，在心境最低谷時，甚至興起了輕生的念頭。最終是父親無意間察覺，給予溫柔的開導，善意溝通，用愛擁抱、接住她，才讓她勇敢跨過內心的坎。

孝慈當年的不適應，就是源自於「心態」沒有轉換過來。直到她能轉念去適應所處環境，享受當下的美好，欣賞周遭的環境，她便開始累積了正能量，色彩也豐富了她的生命。

孝慈這段自身的成長歷程，造就充滿正能量的她，讓她對正能量及轉念有深刻體悟。這一路以來，指引她走向由內散發開朗樂觀氣場的一大助力，就是宗教信仰帶給她的心靈安慰，以及她崇尚善用轉念儲蓄正能量。

轉念可以讓我們總是以正向思考看待事情，不論身為什麼角色，父母、子女、伴侶、朋友或陌生人；不論處於什麼狀態，衝突的人際、失敗的生意、錯誤的決策，相

信現在所面對看似失敗的一切，都是讓我們有機會檢視自己，吸取當中的養分，造就更好的未來。

孝慈總是輔導當事人及企業客戶，在面對人生訴訟低潮時，能夠轉念看待一切，讓當事人除了面對官司，還有面對人生抉擇課題或是公司經營困境，都能夠感染來自孝慈的正能量。

當我們遇見困境時，請記得，任何人生的經歷或心境的歷程，都是為了成就更美好的未來，造就更優的自我。轉念後所儲蓄的正能量，灌入在生活及工作當中，我們可以活得更精彩。

將「助人」的理念注入專業當中

人類僅為自己思考，自私的心理應屬常態，不需要特別學習或教育；但是同理別人、為別人著想、付出，幫助別人，卻常常需要學習。

然而每個人的生長環境不同，要怎樣可以跳脫長久以來的思維，開始從只考慮自己，試著去轉換以他人的角度來想事情呢？最好的學習，就是從關心及幫助別人開始。

想想看，當你看了一部感人的電影，看著看著不自覺地流下了眼淚，那時候你是為自己哭嗎？當然不是，所謂的感同身受，在看電影時，你已經融入劇中的那個角色了。

而很多人願意去幫助弱勢，也是因為願意試著去體會那些人的感受。那些孤兒或弱勢孩童，缺乏父母的愛及求學經費，會低落、沒自信或焦慮，想到就令人心疼，想要捐獻愛心，讓孩子們感到溫暖，也能繼續求學；看見流浪

狗露宿街頭，飢腸轆轆，為牠們感到不捨，想要買飼料幫助牠們，希望幫牠們找到溫暖的家。這些時候的我們，都能感同身受。

　　而往往在付出的當下，人們會感到幸福，一方面是看到對方受到你的幫助，而內心升起的小小成就感，另一方面也是透過同理不同人的情境，再反觀自身，有些想法就有了改變。

　　孝慈出身在南美洲，她印象中的巴西，是一個充滿愛的社會，巴西人都非常樂於助人，願意將自己的東西與他人分享。從小在天主教信仰的國度長大，她深信上帝，只是沒有保持經常上教會的習慣而已。直到 2015 年間，在伯母的邀約下，重新回到了教會，長輩勸孝慈受洗，她卻拒絕了。

　　有一晚，她在禱告後入睡，做了一個非常清晰的夢，夢裡她處在一個黑暗的地方，眼前盡是貧困的幼童老人、表情痛苦的殘障者及受傷人士，還有飢腸轆轆的流浪狗，那些都是弱勢族群，人人穿著衣不蔽體，面容悽苦。

在夢中，孝慈看著身邊這些人，內心感到非常難受不捨，當她一覺醒來，那場夢境竟如此真實地烙印在腦海裡。神奇的是，那幾天她從早到晚都強烈地渴望捐款奉獻，這並不是一個尋常的狀態。

那個禮拜天，她去了教會，牧師講道的內容節錄自《聖經》路加福音 6:38：「你們要給人，就必有給你們的，並且用十足的升斗，連搖帶按，上尖下流地倒在你們懷裡。因為你們用什麼量器量給人，也必用什麼量器量給你們。」

忽然間，她體悟了上帝是藉由夢境的異象，想要傳達給她一些聲音，最後再用《聖經》的話語澆灌她、感動她。

她知道上帝就是要她成為一個幫助他人的人，而助人不一定只能捐錢或做志工，有時候憑著一己的專業，在工作中行善，或是將助人的理念注入專業中，也是一種形態。因此，孝慈就在 2016 年 3 月 27 日復活節前受洗了。

也就在受洗的同一年，她正式獨立執業，經營合署律

師事務所。孝慈知道，上帝將她擺放到這個位置上，不單純以營利的心態庸庸碌碌地工作，而是以助人的心注入平常的工作裡，讓孝慈面對每一份工作個案，可以付出多一份愛，更竭盡心力地完成使命。因為對她來說，律師不只是一份職業，更是一份責任，也可以藉此專業來幫助他人。

因此，孝慈除了投入繁重的法律工作外，也會抓緊機會為社會盡一點心力。孝慈助人的理念，不僅僅是奉獻捐款或資金支助，她也會在能力及時間允許的範圍內，利用自己的專業能力，注入法律服務。

例如在勵馨基金會提供法律諮詢，幫助許多歷經家暴的婦女孩童；處理校園霸凌案件調查，以及應著「#MeToo」風波，更受重視的性平調查案件等。

孝慈很樂意付出這些時間及專業勞力，她也時常捐出所得或用於資助需要幫助的人，在自己的領域盡一份心力幫助別人。

由於抱持著願意付出的心，讓外表看來嬌弱的孝慈，

實際上充滿著意志力及活力。也的確，在擔任律師這個負能量滿滿的場域，需要有強大的抗壓力，以及迎戰負能量挑戰的意志力。

當我們在經營自己的事業體或是生活時，加注更多「助人」的理念在當中，學習從「助人」這件事累積更多正能量，做一個善循環，讓生命中處處是貴人。

以宏觀多元的視角，為當事人找到最適方案

　　國中時期的孝慈熱愛看推理小說，喜歡探究原來對人、對事可以有不同角度的看法，也開始對法律訴訟有興趣，發現法院是個意見完全相反的兩造，不斷攻防的場合，因此她便在國中時期，立下了「律師」這個人生目標。

　　到了高中時，就很確定將來大學要讀法律系。即便那時她的學科強項是英文，師長強烈建議她：「女孩子讀法律系不太適合，你語文能力那麼強，應該去念外文系，將來從事教職比較好。」但是她對英語的熱愛，卻沒有改變她一直嚮往的律師夢。

　　大學畢業後，孝慈為了先有一份穩定的工作，應屆考上司法特考，擔任公務員，於 2010 年考上律師後，面臨了人生的選擇，是公務員鐵飯碗實在，還是挑戰律師人生？儘管在家人的反對及穩定工作的誘因下，依然阻擋不

了她的律師夢。

就因為孝慈想要從事法律工作的信念十分堅定，結合她自小就培養比一般人敏感的同理心，這使得她在面對案件時，更能靈活轉換不同的角色思維。她能夠在一般人覺得制式僵化、硬邦邦的法條世界中，梳理出一個與每位訴訟當事人最佳的關連與詮釋。

她也可以用助人的心境，同理地與對方溝通。但理性的她，不會讓自己陷溺在當事人的悲苦劇情或是片面的說詞裡，她擅於找方法，她總是理性與感性兼具，最終成功地為當事人找到一條最佳方案。

提起訴訟，一般人可能受到電視、電影的誤導，想像中的律師，可以「化不可能為可能」，以為辯才佳的律師，可以把黑的說成白的。

然而電影是電影，現實生活是現實生活，現實生活往往沒有電視、電影情節來得那麼順遂。對於任何的訴訟類型，孝慈覺得最重要的，並不是一翻兩瞪眼的「輸贏」，而是要如何為當事人及企業客戶找到「最適方案」。

如果純粹以律師的工作獲益層面來看，讓當事兩造爭吵不休，一審、二審、三審一直打上去，才能增加律師費的收入。但是對孝慈來說，她從事律師這一行，從來就不是為了追求商業利益的最大化，而是盡速良善地解決客戶紛爭。所以孝慈會分析所有的利弊得失給當事人知道，讓當事人了解，未來訴訟程序所具備的優勢，以及需要面對的風險。

孝慈也常憑藉著自己的談判技巧，協助許多當事人在訴訟前完成協商，避免當事人陷入曠日廢時的訴訟噩夢裡，盡早走出官司的烏雲籠罩中，看見藍天白雲。

好的律師要能協助當事人，既能保障原本該有的權益，也能讓整個事件盡量可以在雙方的理解下，有個比較好的收尾。

如果無法達成協商，孝慈也會盡全力陪著客戶，並肩作戰到底。孝慈抱持著開放的態度、不受限的思考、不拘泥的心態，期許以宏觀多元的視角，為當事人及企業客戶找到最適方案。

　　面對訴訟，往往只要換個角度看待，就可以找到最佳
對策。宛如面對人生，轉個方向就是海闊天空。除了致力
於訴訟外，孝慈也時常勉勵當事人，人生總是面臨抉擇，
運用智慧及多元視角檢視自己、觀察人生，才能為自己的
人生找到最適的出口。

突破刻板印象，轉身成為優質律師

　　孝慈的家族有良好的政商背景，但務實低調的孝慈，在朋友間鮮少提到這些，因為她知道，唯有強化自己的能力，憑藉著自己的實力，靠著口碑行銷，才能擁有屬於自己真正的成功。

　　孝慈在大學畢業應屆，考取了司法四等考試，進到法院工作擔任公職。那段公務員的經歷，也讓孝慈可以更了解司法體制的運作及生態，累積了不少實務經驗，並結識到許多貴人，累積了許多人脈。這對她日後自己執業當律師很有幫助，也得到許多貴人的信賴與提攜。

　　孝慈一邊工作一邊考試，並順利在第三年考上律師。在取得律師執業證照這條窄路上，競爭門檻真的相當高，有的人寒窗苦讀十年，只為了考取這張執照。當年她要辭掉公務員職務前，還遭受家人的強烈反對，因為這等於放棄掉人人豔羨的鐵飯碗工作。但是孝慈靠著禱告，最終能

勇敢地走上這條路，實踐學生時期設立的目標，由上帝繼續引領的路，讓她想要助人的理念得以落實。

孝慈常被形容是「怎麼那麼年輕的女律師」，這是一個帶有不信賴感多一些的貶抑語氣。即便在司法圈工作超過十五年，其中從事律師工作超過十年，但仍經常遇見有人質疑這樣年輕嬌弱的女律師，能否氣勢逼人地站在法庭上雄辯？能否勝任律師工作？

孝慈聽到這些指教時，總會笑笑地說：「我靠的不是外表與性別，我靠的是頭腦與態度。律師的口才是要用在說理服人，而不在吵架大罵。」

一直以來，孝慈就因為善於溝通，將感性融合理性，誠信地協助委託客戶找到最適的方案，而可以得到客戶們的認同和信任，並且在這個領域做出口碑。

孝慈在從事律師工作的前十年，不做網路行銷，不靠過路客，完全靠著口碑行銷，以及客戶不斷轉介紹，奠定了她的事業基礎，做出相當不錯的成績。

孝慈的熱情也投入在社團法人高雄律師公會的運作，

承蒙許多前輩律師的提攜與支持，讓她能夠當選理事。除了處理公會的業務外，主責律師在職進修委員會，負責安排律師進修課程，自己也努力在平日忙碌之餘，利用週末時間進修，以不斷地增進專業學識。

孝慈靠著踏實的一步一腳印，築起了自己的事業藍圖，不仰賴家族的良好政商背景，努力靠著自己塑造的形象，同時兼具軟硬實力，突破大家對年輕女律師柔弱的刻板印象。

孝慈的下一個里程碑，則是希望透過網路曝光轉型，為她的律師事業注入新的活水。

這些日子以來，孝慈感激生命中不同時期遇到的貴人，謝謝他們的幫助及陪伴，當然，深愛她的父母親，更是她生命中的「VIP 貴人」。

孝慈深切地相信，她所經歷的生命，所曾面對的任何喜樂與挫折，以及現在所擁有的一切，都是神的美意。倚靠上帝的指引，實踐自己的理想與使命，她終究是羽化蛻變成美麗化身，翱翔在自己揮灑的天空。

　　對於讀者，面對自己的生活或工作時，孝慈懇切地建議：第一，要以同理心理解他人，用正能量作為自己堅強後盾，再以宏觀多元的視野，找到自己最適的解決方案或目標方向。第二，轉念看待一切，累積正能量，所有經歷都是為了成就更好的未來，造就更優秀的自我。

　　孝慈不僅將她經歷裡所學到的人生觀點，注入在她的工作中，傳達給她的當事人一些重要理念，這個理念攸關未來訴訟走向與結果，更是影響當事人或企業客戶如何處理訴訟，甚至面對訴訟後的人生或企業經營方向。

　　孝慈也希望每個人在不同事業領域，鍛鍊更強健理性與感性的自己，成就自己，也能成就他人。

掃描 QR Code，了解更多葉孝慈的故事

美麗的隱形翅膀
維心法律事務所 葉孝慈

PART4
品牌創新 美麗翅膀

專注做好一件事，融入日常喝好茶

十本初壹、茶青世代平臺創辦人 **鄭絜方**

◆ 建立臺灣第一個以活動體驗為主軸的茶
　行銷平臺

客製始終來自於獨特的您

「客製小姐」品牌創辦人 **林欣儀**

◆ 臺灣第一批引領客製化
　 風潮的「客製小姐」

專注做好一件事，
融入日常喝好茶

十本初壹、茶青世代平臺創辦人 鄭絜方

隱形冠軍：
建立臺灣第一個以活動體驗為主軸的
茶行銷平臺

成功箴言：
唯有專一，才能成為唯一

一個才二、三十歲的女子，那麼年輕，懂茶嗎？如果連老茶人都覺得茶葉市場拓展有侷限，年輕人是否還可以有什麼作為，能為茶的銷售創造新可能？

出身應用中文系的女孩鄭絜方，也曾經走過茫然摸索的歲月，後來結合自己的活潑積極個性與商業規劃長才，透過辦活動逐步為茶產業開拓一條新路，她還以「共好」的理念，打造產業平臺，邀請青年茶人一同加入。

他們的產品，獲得包含中鋼、長榮集團等諸多企業青睞，這一路走來，她是如何跳脫傳統銷售方式，甚至吸引年輕人重新認識茶呢？讓我們來認識這位茶產業傳承二代，同時也是白手起家創立品牌的青創女孩鄭絜方。

創立新品牌的年輕女孩

「十本初壹」，一個通過多項認證，在企業界有一定名氣的茶禮盒品牌，甚至名聞國際，連大使館都買來當做國際外交禮物。品牌創立的背後，有著深耕的用心，以及創辦人的巧思。

初次聽到「十本初壹」這個品牌名稱，相信很多人的第一個反應會是：這名字好奇特，到底是哪四個字構成？等到知道這四個字的寫法，且明白了品牌背後的深意，又會覺得這個名字好有文采，是誰想出來的？

的確，這個茶品牌的創辦人鄭絜方，就是一個中文科班出身的年輕才女，得過文學獎，同時也是個詞曲創作人。她不僅僅有好文采，而且還有很強的創意發想和執行力。畢竟如果只是靠著美麗文案塑造好的意境，卻沒能提供優質的品質，消費者也不可能長期買單。

十本初壹，意指「用初心泡一杯好茶」。十本，指的

是陸羽《茶經》的十個篇章。鄭絜方命名的意涵，就是以這十個篇章做為品牌的根基，初壹，用初心泡一杯好茶，秉持著傳承的初心，專注於「做好茶」這件事。

說起來，每個茶人都可以說自己是專心做好茶，但總要有個實做的根柢。而絜方正是有這樣根柢的女孩，因為她是茶產業實業家第二代，父親投入茶的生產及經銷至今已將近四十年，而絜方從小就跟著父親日夜與茶為伍，接觸的人不是茶農就是茶商。

到了青年時代，也跟著父親南征北走，包含遠至海外茶產地，像是中國及東南亞等地區，她自己一步一腳印，真正去了解每種茶的生產流程，以及產地的風土條件，也經常聽父親和其他長輩跟她述說茶的歷史及茶產業的種種故事。因此，絜方是道道地地有茶實力根柢的女孩。

想清楚自己想要的未來

雖然在茶產業家庭長大，從小就認識各式各樣的茶，但是對於自己的生涯規劃，絜方也曾經有所迷惘。

當然，她喜歡喝茶，也覺得從事這一行沒有問題，但畢竟這攸關的是生涯大事，絜方是否將來要承接家業，跟著父親一樣成為茶葉銷售職人，還是她可以有其他的出路選擇？

特別是很小的時候，絜方就知道自己有文字天賦，學生時代已經經常投稿，並承接一些文案的撰寫工作。此外，她也知道自己有一定的領導魅力，在人群中不會怯場，從國小一路到國中、高中，她也都跟著老師勤於參與紅十字會志工活動，對於投入公益慈善這類型的社會服務，她也都很喜歡。如果太早就把自己侷限為一個茶商，會不會錯失人生的其他可能呢？

一直以來，絜方是個很認真的人，她從不會說一件事

只要馬馬虎虎可以過關就好，不論是學業或是她後來所從事的每一件事，她都是如此看待，更何況是關於她的生涯，她當然得要認真思索才行。

求學時期，絜方原本讀的是商科，但是她卻覺得自己不是那麼喜歡終日與數字為伍，於是大二的時候她決定休學，好好「想一想」未來。有整整兩年的時間，絜方讓自己走入社會去闖蕩，她要親自體驗不同的工作歷程，同時也去感受處在不同職位、各行各業人們所面對的工作辛酸，以及處在第一線和客戶面對面的心境。

這些歷程對絜方來說很重要，她曾在加油站這類一般學生打工的場域賺取時薪工資，也曾經擔任知名連鎖美妝體系的巡點督導，在點與點間看到每個店長的管理型態，同時也順便旅行，看看各地的城鄉風貌。

也是在兩年休學四處打工的階段，絜方真正了解自己喜歡什麼，她也確認了，上班族不是她想要的工作型態。一方面，她知道「以時間換取金錢」是比較沒有效率的賺錢模式；二方面，腦海裡總有天馬行空想法的她，不喜歡

總是固定在同一個工作場域。絜方熱愛變化，她喜歡不斷成長，喜歡今天的自己比昨天的自己更進步的感覺。

那段期間也奠定了絜方在活動公關行銷領域的基礎，她發現自己的文字專長可以在行銷活動中得到發揮。而各類的行銷活動也總是多彩多姿，有各種學習機會，讓她獲益匪淺。當時她還未滿 20 歲，單靠承接活動案就已經有了不錯的收入，而且也是她很喜歡的工作性質。

兩年後，絜方終於確認了自己生涯的大方向，首先，她還是要回歸校園完成學歷，一方面更精進自己的文字底蘊，一方面完成對自己的承諾，從商科至應用中文，這就是她想走的學習之路。

也因為這樣的決定，在她畢業後，不論是協助父親公司的茶葉銷售，或是她後來獨自創業，其商業模式正是結合她生命中的兩個最愛：茶葉以及活動行銷。

以新穎的銷售模式創業

當老茶人們都在問，除了傳統的產茶→製茶→經銷商→零售商→終端消費者，這個制式的銷售模式，或者透過結合地方政府的茶觀光性質活動促銷好茶外，有沒有其他的茶行銷模式？特別是當年輕人們都習慣開冰箱喝冷飲，或者在路邊買甜甜的手搖飲，又有多少新世代人類願意品味父執輩在喝的傳統泡茶？

絜方以年輕人的視野，開拓出了一條新路。她於2016年創立的初壹茶品有限公司，正好就是把茶切入年輕人領域的成功新嘗試。

談起喝茶，誰說買來的茶葉只能是傳統的茶壺、茶杯、茶席等制式的泡茶？茶的應用可以很多，茶可以入菜、佐餐、調酒，茶也能結合香氛，營造環境氣氛，符合現代人追求身心靈調適的趨勢。更別說茶可以包裝成精緻的茶禮，將健康概念用典雅的禮盒包裝，送的人覺得很有

分量,收到的人也感受到不凡的心意。

　　雖然說絜方家裡經營著茶事業,但絜方的公司可是紮紮實實真正從零到有,不論是申請、創立,還有後續的經營、管理、市場開發,絜方都是堅持靠自己,以自有資金加上青創借貸,這是真正白手起家的新公司。

　　其實絜方並不是一畢業就直接創業,她也是經過了一番實戰學習,而她的導師,自然就是投入茶事業多年的父親。父親是因為喜歡茶才開始接觸茶,早期經營紫砂壺及臺灣茶的批發買賣,深入產地實際了解產業狀況,打造從產地、生產、包裝、成品一條龍的服務。

　　父親雖然從傳統的製茶、賣茶起家,但他也是個與時俱進的人,總是持續關心著現代化走向。當現代人對於飲食都已經走向更健康的追求,同時也希望可以兼顧到環保,父親的茶事業也就朝這個方向逐步轉型。他嚴格從茶的源頭做好管控,要取用的茶,是採用自然農法的茶。也因為在臺灣的整個茶生態中,想找到純然不受到農藥汙染的土地已經很少了,所以追溯純淨的健康茶源頭,就逐步

來到東南亞以及中國雲南等較偏鄉的地方。

　　父親後來又創立了「茶順號」，主力商品為普洱茶和紫砂壺，以同行批發買賣為主，另有生產烏龍、東方美人、金萱等茶葉，致力於生產及推廣有機自然農法茶葉。

　　而絜方在自己創業以前，就是跟著父親一起參與了從生產到最終銷售的每個環節。這段期間內，她也開始透過各種行銷活動，將茶導入各類活動中，漸漸的抓到了行銷的韻律感。

　　也就是這樣，絜方既有深厚的茶產業體驗根基，又不斷累積行銷活動方面的實力，她才可以在 2016 年創立初壹茶品公司。初始業務是結合冷泡茶、飲料茶等原料買賣，供應手搖飲料、米其林餐廳等單位的茶葉、茶包，後來更推出「十本初壹」自有品牌，主打的則是企業客製化送禮，還有結合茶葉、茶包、茶食、茶體驗等多元茶產品。由於品質優良且具文創巧思，加上絜方認真的跑活動，很快就在市場上打響了名聲。

打造茶品牌形象開拓市場新局

既然打出了非常有氣質的品牌，行銷的背後自然也有深度內涵，十本初壹想要傳達的理念，就是要讓喝茶成為有趣的日常。

而這也是絜方每次舉辦茶相關活動時的行銷主軸。她強調喝茶不必正襟危坐，不一定要有什麼茶禮儀或茶道規矩，喝茶就是要融入日常。日常是什麼呢？日常就是每天在家的行、住、坐、臥，日常也包含外出工作與朋友聚會。當西方廣告長期的置入性行銷，許多人們喜歡在生活中時時刻刻都來杯咖啡，我們東方人為何不能擁抱屬於自己的茶文化價值，也讓生活中無時無刻都有好茶陪伴呢？

當然，要融入日常，端出來的茶也要有足夠的風味及品質，這正是絜方非常堅持的一點。因此創業的公司及品牌名稱，就抓住「初衷」以及「專一」作為重點，她也真正以實際的好產品來證明，初壹茶品就是要專注做出「好

茶」這件事。

　　初壹的茶除了通過多國的認證外，也從產地源頭開始就做好嚴格的把關。例如十本初壹的「朵朵玫瑰烏龍茶」，主打的就是 100％純正臺灣烏龍搭配玫瑰花，將整朵含苞待放的玫瑰直接入茶，茶包通過國際德國萊茵檢驗合格，茶廠通過國際 ISO22000、HACCP 及清真Halal 認證。

　　而以專注做好茶為核心，搭配好茶的每種組合，好比茶包製作、茶禮盒搭配，還有令人回味無窮的專屬茶點心，都非常用心。

　　提起初壹，很多客戶們印象最深刻的，還是絜方舉辦的活動。許多的人就是因為參加絜方所籌辦的活動，才進一步瞭解到，原來茶可以如此融入生活。這也正是絜方行銷的初衷：藉由舉辦年輕人有興趣的活動，先讓他們接觸茶、認識茶，最後再讓他們愛上喝好茶。

　　絜方從 2019 年起，每年常態性舉辦各類跟茶有關的活動，在這方面她有源源不絕的創意，可以做到每個月都

有新的精彩展現，生活中無論是食、衣、住、行、育、樂，其實很多事都可以跟茶相關，只是看有沒有人願意發揮巧思去規劃罷了。

所謂將茶融入生活日常以及融入活動，並不是只要辦幾場熱鬧的活動，旁邊搭配幾壺茶就好，重點是「用心」。活動的每個環節及流程都要順暢，同時要跟茶有真正的結合，必須與活動主體相關，好比說茶佐餐、茶入菜，該以怎樣的茶如何搭配？這些都要經過精心研究，才不會在現場顯得突兀。

絜方對於產品很用心，像是十本初壹推出的「臺灣綠茶糖」，就是以天然茶葉研磨成的茶粉製作，所有的茶葉都是由絜方專業挑選的。再比如十本初壹的茶禮盒，不僅規劃出不同特色的組合，用典雅設計的禮盒包裝，而且所有的茶色搭配、每個單一茶品都是經過高規格檢驗。也因此，十本初壹長年備受企業界的喜愛，甚至還可以做為外交送禮用途，是真正的臺灣之光。

創立茶青世代平臺

　　然而絜方這個年輕女子，不是以自創品牌做為自我實現的目標，她還有更宏觀的願景。她不只要讓自己創業有成，她還想幫助更多的年輕人，可以擁抱傳承的價值，在傳統的寶藏上建立新的事業地基。初步，她想從幫助茶產業的青年做起，以這樣的信念，她邀集了相關的同好，創立了「茶青世代」平臺。

　　以「用茶豐富你的生活體驗」為主文宣，茶青世代於2019 年創立，雖然隔年就碰到新冠疫情全球肆虐，不過這幾年來，茶青世代依然有聲有色的辦了許多精彩活動，也成功吸引了更多年輕人認識茶，願意長期喝好茶。

　　這個平臺的創立者們，全部都是茶產業的茶師，有的是二代傳承，甚至三代傳承。由於大家都是年輕人，個個充滿朝氣，也都紛紛熱情洋溢的交流經驗，經常在聚會中激盪出新的火花。他們會不定期舉辦各類茶講座，並透過

活動分享專業知識，讓參與者體驗以多元茶類結合旅遊、美學、手沖、聯誼、桌遊等活動。每次活動的用意，就是希望讓茶的推廣從產地延伸到居家，讓每一個人都能輕鬆認識茶的文化。

過程中，他們不僅銷售推廣茶及周邊商品，如茶點心、茶具、茶禮等，也參與了許多文創發明。例如全臺灣第一款，同時也是全世界第一款以茶為主題的桌遊。遊戲開發人在研發初期，就是來找絜方團隊夥伴諮詢，也在此獲得許多珍貴的資訊。之後順利募資成功，所推出的桌遊也大獲好評。就連總統跟外國貴賓見面時，都以此款桌遊做為外交贈禮。

在茶青世代舉辦的活動中，也經常會結合這款桌遊，透過這個遊戲，可以讓參與者透過讓自己扮演茶農、茶商等不同角色，感受到每個茶人的工作心境，整個遊戲歷程，也帶領大家一同認識臺灣茶的演變。寓教於樂，這也正是茶青世代舉辦各種活動的基本模式，讓來賓透過活動自然而然的認識茶，也喜歡上茶。

　　「茶青世代」是一個平臺，也持續保持開放態度，將來會陸續加入更多參與者。目前的成員們，除了本身都具備茶產業的背景外，也都各個身懷絕技。因此在這個平臺上，不只有各類的茶領域達人，還包括品牌行銷、商業設計、文化導覽等高手，他們分別來自臺北、臺中、高雄各地，還有來自花蓮赤柯山的茶園第二代。

　　雖然茶青世代是個資訊交流及辦活動的茶專業平臺，但這裡絕不只是平臺，本身也是一個商業主體，例如每次的活動舉辦以及商業利潤分配，都是以平臺做主角，參與者共同協辦，一起分攤成本，以及維繫整個活動品質。秉持著共好的理念，這裡沒有商業計較，而是有福同享、有商機就互相幫忙。

　　這些年來，不論疫情期間或疫後的日常，大家共事都建立起很好的默契，所辦的活動也都得到高度評價，獲得很明確的正回饋。而其所鏈結出來的商機，也嘉惠了每個平臺合作夥伴各自的茶事業，這也是符合絜方當初創立平臺的初衷。

213

堅持以及專注做好一件事

當年絜方曾經困惑，雖然她出身於茶產業家庭，但是她本身卻對行銷活動有興趣。這二者是不是屬於不同道路，只能二個選一個？

而今，她巧妙整合她的兩個最愛，反倒變成了一種相輔相成的特色，既協助家裡和自己創業品牌的銷售，又可以讓自己舉辦的活動，有著獨一無二的風格。

熱愛助人的絜方，不但長年持續投入公益活動，此外，她也是個專業講師，在大學任課，並經常受邀到各大企業集團，舉辦以茶為主題的產業分享課程。

以企業培訓這一塊來說，很多人可能會好奇，企業內訓不是都以培訓商業專業能力或者心靈勵志成長為主嗎？為何有企業會想要開辦跟茶相關的訓練課程呢？

其實茶和茶文化，長久以來一直是臺灣庶民生活的一部分，對於企業內部，特別是高階主管來說，如果可以更

深入認識茶，在各種社交場合中就比較能有談論的話題。畢竟在商場上，不需要動輒談錢、談利益，多做一點文化相關交流，也能讓各種商談更有深度。

此外，茶本身就跟身心靈有密切的關係，透過絜方規劃的嚴謹內容，活潑生動且令人印象深刻，更能讓參與者既認識茶，也了解生活保健及種種健康人生新知。

由於口碑載道，絜方的各類講座以及培訓都深受歡迎，譬如就有航空公司空姐主管，因為曾上過絜方的講座而得到啟迪，後來回公司推薦，絜方也受邀去為航空公司高階主管舉辦一天的專業茶課程。

絜方一直以來的信念，便是認真用心做好一件事，自然可以帶來久遠的影響。也因此，她不會特別去對自有品牌打廣告宣傳，然而透過口耳相傳，十本初壹的老客戶回購率相當高，不但有很多公司每年會固定採購十本初壹的禮盒，轉介紹來的客戶也相當多。

不論是長期買茶單品，或者訂購特色茶禮盒，每年都有相當的成長率。

能夠堅持做好一件事，就能夠照顧到所有的事。絜方以年輕女孩之姿，同時在創業、教學、助人及文化推廣等領域，開創輝煌成績，就是因為她的堅持，如同她的品牌名稱「十本初壹」，最終都是回歸初心。

給年輕人的創業建議

　　對於有志創業或者仍在學習中的大學青年，甚至是上班族工作者，絜方以自身經歷想要給予年輕人生涯開創幾點建議。

　　首先，她非常鼓勵大家一定要勤於閱讀，不要整天沉迷於手遊。網路世界看似無遠弗屆，實際上卻資訊雜亂、難以分辨，自以為上網可以查到很多事，然而實際上，卻只會把頭腦搞得更加混亂。還不如回過頭來，專注在一本本的好書上頭。

　　絜方覺得自己成長後能有那麼多的創意，也懂得透過各種角度思考事情，得益於自幼養成的閱讀習慣。

　　她很感恩小時候媽媽經常買很多書給她看，讓她長年熱愛閱讀，至今仍然每個月至少花三千元的預算在購書上。她認為長期透過書本吸收知識，對於未來不論是創業或者在職場上精進，絕對都有莫大的幫助。

再者，不論如今身處什麼崗位，是學生還是上班族，都要保持經常自省的習慣。可以想想自己每天在做什麼？做這些事有什麼意義？這些事都是自己想要的嗎？

唯有經過審思之後，才能更加確認自己想走的方向，更加投入自己熱愛的工作。

絜方在推展茶品銷售的過程中，初期她也會碰到種種的質疑，好比一些茶界的長輩，可能會半開玩笑的跟絜方說：「小丫頭，我喝過的茶都比你吃過的鹽多，你覺得你可以跟我談茶嗎？」

如果內心對自己的信心不夠強大，很多人可能就會因此打退堂鼓。但是絜方因為已經找到自己要走的路，知道自己可以如何行銷茶，因此她把每位長輩的建議，都當成好意的關心。

絜方也持續堅定她的創業之路，最終才能創立初壹茶品。公司創立至今已經超過七年，業績也在穩健成長中，絜方確信，自己走在正確的創業路上。

最後，絜方鼓勵年輕人，要善用團隊的力量，不要總

是心存商業競爭的心態，而要想著如何可以創造共好。當我們願意與人分享，人們也會願意釋出他們的資源，這對任何創業來說，雙贏及多贏，都會是最好的結果。

掃描 QR Code，了解更多鄭絜方的故事

**美麗的隱形翅膀
十本初壹 鄭絜方**

客製始終來自於獨特的您

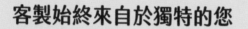

「客製小姐」品牌創辦人 林欣儀

隱形冠軍：
臺灣第一批引領客製化風潮的
「客製小姐」

成功箴言：
人生沒有捷徑，只有堅定的信念和
不懈的努力才能創造輝煌。

在過去，臺灣擅長少樣多量的代工模式，鑽研技術做好產品，比的是成本與價格。總統府資政沈國榮曾說：「互聯網興起，客製化的需求增加，產品壽命持續縮短，這帶給我們很大衝擊，開始思考如何墊高競爭門檻。」

「客製小姐」品牌創辦人林欣儀，覺察客製商品越來越受歡迎，無論是個性化服裝、配飾、禮品、用品等無所不在。消費者對產品的要求不僅限於功能與價格，更在意是否能展現自我特色，於是這股追求個性化商品的風潮，連帶客製化服務新經濟社會的來臨，打破過去產品一致化、標準化的情形。

「客製小姐」致力於為客戶提供創意，並將其延伸成高品質且別具個性的訂製產品。帶領一群專業且滿懷創造力的團隊，林欣儀對於任何設計委託，都能提供專業意見，並將業主想法轉化為別具特色的設計作品。從設計到製作一條龍，自營工廠生產製造，注重品質、選料用心，是創辦人的堅持。

這是一個非常特別的行業與專業，讓我們一起來了解創辦人林欣儀的創業理念以及她的創業之路。

將熱愛的事，進行到底

「客製小姐」品牌創辦人林欣儀，家裡經營木業批發工廠，父親時常用木頭創作各式各樣的手工藝品，耳濡目染下的欣儀，對工藝品與藝術的興趣就此萌芽。從小求知求變，發現熱愛的點，就會把它延伸線，再放大無數面。

欣儀熱愛畫畫，國小幸運地遇到啟蒙恩師，師徒倆經常到處寫生觀察萬物、看展覽增廣見聞。恩師與學校老師還常常在欣儀不知情的情況下，送她的畫作去參加大大小小的比賽，獲得不少獎項，也經常跟著學校美術老師參與社區牆壁美化、廢棄物變美術品或政府舉辦的各類藝術類活動。

欣儀坦言自己從小就不愛念書，學科成績總是墊底，但是對於她充滿興趣的術科，則是時常得到老師誇讚靈活變通、巧思無限。

在欣儀成長的過程中，由於家裡經營木頭生意，木材

批發、木棧板生產、原木家具製作與銷售……等等，同齡的小孩都是去公園或遊樂園嬉戲，而木工廠就是欣儀的遊樂場，她偏偏喜歡跟著長輩在廠房幫忙。

看似只有男性才做得來的工作環境，成年的她穿起工作服，從最源頭的木頭選料，到各階段加工、裁切、鋸、釘、組裝等流程，都絲毫不落人後。

再加上上帝賜予她的一雙巧手，木工勞作完全難不倒她，而且還非她不可，「沒有什麼事是該被性別所區分的，只要足夠的熱愛與付出。」欣儀自信且熱情地說著。

由於從小便時常在家中的木工廠實習，於是大學就讀了土木工程，此外，欣儀對視覺設計、室內設計也產生了濃厚的興趣，便另尋培訓單位報名專班學習。

「藝術由探索而來，設計則是觀察與反覆打磨」，欣儀在大學時期，漸漸邁向設計之路，讓她不再只是自我創作，而是大家因她的設計而感到幸福滿足。從此，完成他人的客製夢，成了欣儀的夢想，從一個人、一間工作室和一臺筆記型電腦，開啟了她的創業之路。

　　欣儀感悟到，學習並非一定要進學校，而是要先了解自己心之所向、身之所往，為此而奔赴，全力以赴。身為一個務實派，她認為凡事要勇於去改變，而不是待在原地抱怨。

　　當環境、體制、教育不是你所想要的，何不問問自己的內心要什麼？多去冒險與探索，終會找到熱愛的事，將其進行到底。

　　就如同欣儀很喜歡的一部電影《三個傻瓜》，裡頭有一句經典臺詞：「追求卓越，成功自然會追著你跑。」

一個人走得快，一群人走得遠

　　欣儀創業之初沒有夥伴，只能一手包辦所有事務，欣儀從業務洽談、設計、採購、行銷、包裝出貨，一一從摸索學習到樣樣精通。她能將業主的想法，巧妙轉化為別具特色的客製品，並且隨著她的付出被看見，逐漸有了口碑。在創業發展的過程中，隨著業務量與日俱增，欣儀跟著拓展工作室的規模，並意識到建立工作團隊的重要性。

　　為了注重品質，欣儀將工作室轉型成立公司，打造自營工廠生產製造，從設計到製作一條龍。因應不同的客戶需求，欣儀的團隊陸續配置了更多的設備，諸如縫紉機、刺繡機、數位印花機……等，過程中她也一路摸索各種原物料，並積極研究新機臺與新技術。

　　不分大小事，欣儀都全力以赴，她不僅學會操作不同的設備，到後來更因為自己本身對機臺運作夠瞭解，她甚至可以在碰到狀況時自己找出問題，然後進行維修。所

謂技多不壓身，可以說公司營運任何環節，都能看到欣儀的身影。

　　也就是這樣，欣儀在公司的草創時期，就已經透過親力親為，練就了一身本事。雖然過往她從沒學過如何做生意，但是真正的學習來自實戰，欣儀靠著真心待人，且用心埋頭去做好產品，好的成品述說著一切。欣儀衷心感受到，最好的老師就是每一位客戶，最好的祕笈是每次積累的經驗。

　　身處於傳統產業與新興世代的交界，對於工作夥伴，欣儀總是不吝將其技能與工作經驗無私分享。目前公司夥伴剛好都是一群年輕小姐所組成，大家各司其職。即使她們都非科班出身，像是生產部師傅，從最初不會用縫紉機，到如今選材、打版、製作樣樣行；而設計部的設計師，也是從當初不太熟悉操作設計軟體，到今天她溝通、創作皆能獨當一面。

　　很多人問欣儀，當初為什麼這麼辛苦帶夥伴成長，而不是選擇聘請專業人員？因為對於講求實效的企業來說，

優秀的技能就代表著節省時間以及提高獲利，畢竟培訓對任何經營者來說，都是一大成本。然而對於欣儀來說，熱忱遠比專業更重要，她可以看出一個人的潛力與熱忱，她知道「眼中有光」的人渴望學習、勇於創新，這樣具備發諸內心熱力的人，加以培養便能成為專業人才。

　　欣儀總是讚賞每位夥伴的優點，將其放在適合的崗位激發潛能、發光發熱。平日的工作中，她會安排培訓課程與團康活動，除了對於增進工作技能的重視，她也關心大家的身心健康，全力打造自由、創意、玩樂的工作環境，另外，她也積極培養彼此的團隊精神，有效激發夥伴們的主動性與工作效率。她會定期召開部門、小組、一對一會議等，藉由互相傾聽，進行有效溝通，互相激發創新潛能，強化思考能力，從而使企業整體運作流程更為順利。

　　就這樣，一群人一條心，朝著同一個目標邁進，如此具有團隊精神的夥伴們難能可貴。她們能在明確分工的同時，彼此之間也能相互支援，當承接大量訂單時，像是成百上千的制服、袋包趕著交貨，更可以看出團隊戰力的可

貴。那時候大家互相協助熨燙、包裝、送貨，欣儀更是以身作則，帶領團隊前進，永遠是最後一個下班的人。

建立一支志同道合的團隊著實不容易，曾經因為職場流動，也有碰到那種學到技術就離開的人，導致欣儀開始質疑自己的初衷是不是錯了。幸好她很懂得轉念，知道有失必有得，看著仍在一起打拚奮鬥的夥伴們，革命情感與信任倍增彼此交付，雖然一個人走得快，但一群人卻可以走得更遠！

客製界的神力女超人——「客製小姐」

如今傳統工廠逐漸凋零、紛紛倒閉，僅存幾家為了生計，只顧接量產訂單，在他們眼中，客製單賺得不多，客人還有一堆要求，不願耗時處理少量的客製單。

這也導致許多消費者求助無門，或者只能一環一環的找廠商，東家設計插圖、西家買衣服、南家找人幫忙刺繡、北家尋求其他支援⋯⋯，歷經千辛萬苦的奔波和折騰，並且耗費冗長的時間，才能完成專屬品。

「客製小姐」的誕生，就是在這樣客製化風潮並不普及的時代，也因為抓住趨勢以及市場需求，顧客為了專業性與便利性，紛紛求助上門，因此，「客製小姐」的客製品項十分廣泛多元。

欣儀偶然間在看展時，深深被刺繡之美震撼到，驚訝傳統刺繡技藝之細膩，想著如此有特色的工藝，如何加以設計巧思結合？之後她也為了供應少量客製與批量服飾、

配飾加工，引進數位刺繡機。

那一年，不約而同的，國際知名品牌如 Nike、LV 等，接連推出一些配以刺繡的單品，例如球鞋點綴刺繡、服裝 LOGO 以刺繡呈現，為數不多，彷彿在試探消費者的喜好般。

果不其然，刺繡漸漸開始流行，再平凡的單品只要加工上刺繡，都會變得非凡。

不論是從無到有，還是帶著買來的商品進行二次客製，好像都難不倒「客製小姐」。如今，「客製小姐」竟然還能夠客製手機，而且是指包含從機殼內的晶片組裝，到外在機身造型，客製一整支個人專屬手機，絕非單純的印刷手機殼彩繪而已。這種看似必須求助高科技公司的案件，「客製小姐」卻能完美的完成。

還有一個客製案例也很特別，某天一位男學生抱著一雙蛙鞋走進店裡，汗如雨下地訴說著，他跑遍各家店面與工廠，都沒有人能幫助他，他想送給同樣喜歡潛水的女孩一雙特製的蛙鞋，作為表白的禮物。「客製小姐」幾經尋

找材料到製作，終於為他在時間內完成加工，讓他得以順利表白，並得到女孩的青睞。

其實許多案子無法單看物料成本來評估營利，畢竟時間與心力都是隱形成本，但這群設計人似乎樂此不疲，客製之路就是如此樸實無華。

逆風飛翔，絕不輕言放棄

有些人看著樂觀開朗的欣儀，會誤以為她的創業之路有家裡的經濟與人脈幫助，才會一帆風順。事實上，她是從零開始的，沒有資源、沒有人脈，一點一滴找出路，欣儀年輕創業時，受過不少年齡歧視與性別歧視。

她曾被客戶質疑：「你才幾歲啊？訂單交給你，搞砸了怎麼辦？」各種調侃更是如家常便飯，笑她回家裡工作豈不是更輕鬆，何苦自己創業呢？

人生沒有捷徑，白手起家的父母是她非常崇拜的對象，身為他們女兒的欣儀，或許骨子裡也遺傳到了那份韌性與堅毅，欣儀從來不求輕鬆度日。

沒有人脈，就先提升自己的知識、技能和價值，再尋找發展平臺與適合管道，用心經營、真誠以待，將遭受的打擊與傷害，化成鞭策她茁壯的養分。

欣儀從小看準目標就會奮力向前衝，不懂放過自己、

放慢腳步，在不斷變動的世界，她不敢慢下來，忙碌到沒有生活可言，與朋友之間的經歷與話題，也變得越來越沒有交集而跟他們漸行漸遠，與家人間更是缺少陪伴在側。

　　直到欣儀遭逢一場重大的交通意外，她當時不但頭骨碎裂、多處骨折，還伴隨著大量內出血，在加護病房中生命垂危，療養很久才恢復到正常人的生活。

　　只不過車禍後的欣儀雖然身體已然痊癒，但臉上仍有一道長長的傷疤，那道疤彷彿是在時時提醒著欣儀，上天既然讓她活了下來，想必是有某種使命要交付給她。

　　至此之後，欣儀體悟追求目標之虞，開始珍惜身邊的人，不再把幸福視為理所當然，她也學習感謝周遭的一切，以及來之不易的新生，積極投身慈善公益，為善不欲人知，身體力行推動企業社會責任，將愛心延續下去。

走出屬於自己的創業之路

　　日積月累的用心耕耘，欣儀一次又一次交出亮眼的成績單，不但年營業額倍數成長，工廠與設備擴張，業務也拓展至東南亞地區，團隊夥伴與日俱增，並終於在高雄打造了夢想辦公室設為企業總部。

　　欣儀 20 歲創業時，初始只算一人工作室，22 歲轉虧為盈，正式成立公司，一切來之不易，卻不忘初心，從不與他人拚價格，只努力創造價值。因此常被業界長輩問道：「這樣一單一單的接，有賺到錢嗎？」

　　欣儀回應：「市場各有所需，從不因單小而不接，非常感謝每位客戶信任交付訂單，肯定我們的設計與品質，憑藉從業以來的專業與信譽，守可保持不忘本心，為每位少量客製的客戶解決問題；進可攻企業、公家機關、宗教團體等大量訂單生產製造，不斷精進心技術與設備，都在為市場變動做準備。」

如今，「客製小姐」又多了一層身分——設計師們的幕後推手，許多設計師想要打造專屬的文創設計商品，紛紛找上門，普遍客製服裝、帽子、袋包、小物等；也有千奇百怪的各種製作委託，諸如特殊造型包裝、功能頸枕……等。

或許是英雄惜英雄，如同當初創業的欣儀，團隊與客戶討論產品設計時，總是熱情澎湃，無論製作方法再怎麼苛刻，只要是好的作品，「客製小姐」都會克服重重難關，使命必達。

欣儀事業的逐步拓展，歸功於兩個關鍵，第一是過往勤勤懇懇耕耘的種子逐漸發芽，服務過的客戶止不住地口碑行銷，不吝一傳十、十傳百的將「客製小姐」介紹給周遭親朋好友，讓客源不斷增加，因此，「客製小姐」承接了許多知名連鎖品牌制服、政府活動禮品、宗教活動團服及婚禮周邊設計等。

第二是異業結盟合作，透過不同產業優勢的相輔相成，客源串流，增加知名度與能見度，此外，並非所有公

司都有專屬設計師，因此「客製小姐」也成為設計承包廠商，連帶執行相關客製品的生產製作。

對於想要創業或創造品牌的朋友，欣儀分享一些心得：不論創業或是自創品牌，心要定，要有強烈的意志力與渴望，可以聽取他人建議，但請記住一點，那就是永遠不要迷失自我。

在實現與理想的道路上，充滿著各式各樣的難關，放棄就等同丟棄前往成功的門票。絕不輕言放棄，就會一直擁有成功的希望。

很多人渴望享受創業可能帶來的功成名就，卻不肯付出過程中的辛勤。欣儀認為創業要有承擔責任的魄力，資金鏈斷掉、廠商倒閉、客戶倒債等，風險無處不在，遇到事情沒有處理能力，又不懂得求知求變，根本沒有做好創業的準備。

有時候欣儀覺得自己明明年紀輕輕的，講話卻一副老氣橫秋的樣子，那是因為創業的種種經歷與考驗，讓人不得不迅速成長。

永遠樂觀積極的欣儀，人生故事未完，仍有許多新篇章要寫下去，只有付出足夠的汗水腳踏實地，才能實現你想要的，到達你想去的地方。

「人生沒有捷徑，只有堅定的信念和不懈的努力，才能創造輝煌。」這是欣儀的座右銘，分享給讀者們，大家共勉之。

掃描 QR Code，了解更多林欣儀的故事

美麗的隱形翅膀
雷洛公司 林欣儀

美麗的隱形翅膀

品牌創新 X 二代轉型，九位隱形冠軍創業家女力崛起、共創雙贏的創業故事

總　策　畫／林玟妗
召　集　人／劉翔睿
美 術 編 輯／孤獨船長工作室
執 行 編 輯／許典春
企畫選書人／賈俊國

總　編　輯／賈俊國
副 總 編 輯／蘇士尹
編　　　輯／黃欣
行 銷 企 畫／張莉滎‧蕭羽猜‧溫于閎

發　行　人／何飛鵬
法 律 顧 問／元禾法律事務所王子文律師
出　　　版／布克文化出版事業部
　　　　　　臺北市中山區民生東路二段 141 號 8 樓
　　　　　　電話：(02)2500-7008 傳真：(02)2502-7676
　　　　　　Email：sbooker.service@cite.com.tw
發　　　行／英屬蓋曼群島商家庭傳媒股份有限公司城邦分公司
　　　　　　臺北市中山區民生東路二段 141 號 2 樓
　　　　　　書虫客服服務專線：(02)2500-7718；2500-7719
　　　　　　24 小時傳真專線：(02)2500-1990；2500-1991
　　　　　　劃撥帳號：19863813；戶名：書虫股份有限公司
　　　　　　讀者服務信箱：service@readingclub.com.tw
香港發行所／城邦（香港）出版集團有限公司
　　　　　　香港九龍九龍城土瓜灣道 86 號順聯工業大廈 6 樓 A 室
　　　　　　電話：+852-2508-6231　　傳真：+852-2578-9337
　　　　　　Email：hkcite@biznetvigator.com
馬新發行所／城邦（馬新）出版集團 Cité（M）Sdn.Bhd.
　　　　　　41，JalanRadinAnum，BandarBaruSriPetaling，
　　　　　　57000KualaLumpur，Malaysia
　　　　　　電話：+603-9057-8822 傳真：+603-9057-6622
　　　　　　Email：cite@cite.com.my
印　　　刷／卡樂彩色製版印刷有限公司
初　　　版／2024 年 1 月
定　　　價／420 元
Ｉ Ｓ Ｂ Ｎ／978-626-7337-64-6
Ｅ Ｉ Ｓ Ｂ Ｎ／978-626-7337-66-0(EPUB)

城邦讀書花園　布克文化
www.cite.com.tw　www.SBOOKER.COM.TW